31位理想者的心灵之旅

幸好有烦恼

索达吉堪布 著

中国友谊出版公司

图书在版编目（CIP）数据

幸好有烦恼 / 索达吉堪布著 .—北京：中国友谊出版公司，2013.11

ISBN 978-7-5057-3261-2

Ⅰ . ①幸… Ⅱ . ①索… Ⅲ . ①人生哲学—通俗读物 Ⅳ . ① B821-49

中国版本图书馆 CIP 数据核字（2013）第 268873 号

书名　幸好有烦恼

作者　索达吉堪布

出版　中国友谊出版公司

发行　中国友谊出版公司

经销　新华书店

印刷　北京慧美印刷有限公司

规格　710×1000 毫米　16 开

15.75 印张　　200 千字

版次　2014 年 1 月第 1 版

印次　2014 年 1 月第 1 次印刷

书号　ISBN 978-7-5057-3261-2

定价　36.00 元

地址　北京市朝阳区西坝河南里 17 号楼

邮编　100028

电话　（010）64668676

如发现图书质量问题，可联系调换。质量投诉电话：010-82069336

序

佛法到底会给我们带来什么？这是很多人心中的疑问。我担心，如果以佛陀的教言来揭晓答案，有些人未必接受，而听知识分子讲述他们对佛法的认知，想来会引起更多人的共鸣。

本着这一初衷，从十几年前开始，我广泛接触这个群体，用了大半年时间采访，把他们对人生、佛法的思考如实记录下来，精心挑选了一些案例，编成此书。

在汉地的佛教历史上，《高僧传》《续高僧传》等大德传记不计其数，但知识分子学佛的文字记录几近空白，他们的此种经历极少被外界了知。

书中虽是故事，但没有丝毫杜撰，只是为了尊重当事人的隐私，多数人以化名出现。但愿他人的心路体验，能让你对人生有新的思考。

其中所涉及的人，因缘使然，大多与喇荣五明佛学院有关，但这并不意味着其他寺院、佛学院不会给大家带来相同的利益。

希望大家放下惯有的思维，见证另一个理性的世界。

索达吉

2013年11月10日

CONTENTS

目录

第一章　如何度过没有烦恼的一生

要想制服自己的心，灭除一切烦恼，只看一两本书、修行很短的时间，是远远不够的。

就像一位重病缠身的慢性病患者，仅仅服了几颗药，便希望自己大病痊愈、健康如初，这无疑不太现实！

一件平常的小事，也是修行的机缘

在科技发达的当代，许多人都把探寻求索的目光对准了佛教。人们普遍认识到，在佛陀两千五百多年前创立的古老思想里，实际蕴含着超越时空的永远不会过时的大智慧。不过可惜的是，很多知识分子潜心研究佛法的精彩人生并没有被记录下来，否则的话，这些历史一定会成为研究当下人类精英灵魂嬗变史的第一手资料。

本着这一初衷，我开始有意识地把接触到的一些知识分子学佛的经历记录下来并介绍给世人，这种目击人们的精神演变，并将之留存在人们的历史记忆中的角色与任务，可能是我注定要承担的。这两年我感触特别深的一点是，西方知识界人士研究佛法的人日渐增多起来。他们对佛教，特别是对藏传佛教表现出了浓厚的兴趣。有些人甚至不惜花费巨大的精力去啃汉语、藏语，以期能了解到藏传佛教的真面目。我就碰到过一些来自美国、比利时、加拿大等西方国家的修行人，他们克服重重困难、不惜一切代价来到藏地求学佛法。每每看到他们那一张张充满求道、求真神情的面孔，我的内心就充满欣慰与感动。

艾泽生博士就是这众多求佛法者中的一员，而且是其中的佼佼者。在我的印象中，他几乎把全部的时间都投在佛法上，如此精进地闻思修，使他在很短时间内就取得了一定的修证，慈悲、智慧很快就融入了他的心。毫不夸张地说，许多人“修持”十年所达到的境界都不如他一年的取证成果。

艾泽生博士不仅是一个好的修行人，在世间学问方面同样很优秀。他今年只有二十五岁，但已能流利地读诵书写中、英、法、德、荷兰等五国语言，《放生功德文》《如何面对痛苦》及《法王如意宝传记》已被他分别翻译成荷兰语及英语。为了更进一步深入了解藏传佛教，这位勤勉的小伙子最近又发愿要学好藏语……更让人意想不到的是，这位来自比利时的西方人，最终获得的却是中国中医学的博士学位，而且他对中医的精通一点也不逊色于中国的中医大家。

下面的文字就是我记录下来的、他用娴熟的普通话讲述的自己学佛的经历。

我家的经济条件很好，而且我是家里的独子，所以从小没有物质方面的缺少，无论我想要什么，都能得到满足，而且与同龄人相比，我接受教育的时间比较早。我从三岁就开始学体操，六岁学习第二门语言（法语），七岁时就已经拥有了自己的电脑，并能熟练使用。利用课余时间，我还学习过水彩绘画、乐器演奏、戏剧表演等。十五岁时，我又开始接触气功、太极拳等。尽管尝试了各种花样，但不知为什么，我的内心深处却总有种空洞感：我做的这一切到底有什么意义呢？人为什么要活着？对生存目的探寻不得的这种失望与空虚导致我最终离家出走，到法国、意大利、西班牙、希腊等国游荡。此后我发现了一本介绍禅宗公案的书。因日本传统文化早在 70 年代就传入了西方，故当时已经有不少关于日本禅宗的书了。这种明心见性的法门立刻就引起了我的极大兴趣。与此同时，我还到图书馆找到了一些印度出版的有关佛教艺术的书籍。当第一次看到庄严肃穆的佛像时，我的心中就有了一种异乎寻常的感觉。

而我接触藏传佛教的经历更是比较特别。在十六岁的那一年，我和朋友学习了催眠术，并准备做一个实验。我在专家的指导下顺利地进入了催眠状态，并看到了很多奇异的事情。最奇怪的事是，我看到很多穿红色衣服并戴红色班智达长耳帽的喇嘛坐在一个极为庄严的经堂里，我感觉自己当时也在场。此情此景至今仍历历在目，宛如昨日。不久，我又做了一个非常吉祥的梦。在一个山坡上，我看到一位非常庄严的老喇嘛坐在草地上修定。他看到我后就对我说：“你拿着这本书。”书的题目大致为：谁了知此书内容，就能成办一切。老上师坐在草地上的景象在我脑海里留下了非常深刻的印象。次日，我就把他画下来了。而在此之前，我从未见过藏传佛教的出家人。也许当时我学佛的因缘已经成熟了吧，我在一家书店里看到了一尊十一面大悲观音菩萨的佛像，就满心欢喜地将之买了下来。那时，我就已准备好了要远赴中国，并且心里怀有一个梦想：去藏地学佛。

但因学习任务繁重，我来中国几年后才有了正式学佛的机会。利用1998年夏天的假期，我专程到成都，在昭觉寺皈依了清定上师。不久后，就在当年的秋天，法王如意宝来成都检查身体时，我又有幸与他老人家结上了缘。从那时起，我学佛的兴趣开始日日增长。最后，通过色达佛学院上师们的慈悲摄受，我才真正地踏上了学佛的正道，心发生了向善方面的转化，不良心理开始得到调伏。通过修持佛法，不仅自己的性格有所改善，更重要的是，我知道了取舍善恶、净化自心的道理。这个道理才是真正的财富，不但能令我们树立正确的世界观及价值取向，而且还能令我们今生后世都得到暂时与究竟的安乐。

前几天，我和家人到超级家具城看家具。从商场出来准备回家时，我们突然看到了一起刚刚发生的特大交通事故。一辆大卡车撞上了一辆小汽车，并立即着火了！火势非常猛烈，浓烟滚滚，烈焰冲天，当时已经没有人敢接近事故现场。很短时间内，呼啸而来的消防车、救护车及警车便赶到了事发现场。我看见身边一位妇女正在抽泣，便问她为什么那么伤心，是不是她与本事故有什么关系。她回答说：那个被大火吞噬的小车里尚有一个未能爬出来的人，显然他被活活烧死了。听后我大吃一惊，原来就在我们站在那儿观看的时候，有一个人正在烈焰中痛苦挣扎，并最终失掉了自己宝贵的生命！他今晚已不可能再回到家人身边了，而他的亲人们在得到噩耗时又将如何接受这悲惨的事实呢？更令人惋惜的是，死去的这个青年刚刚经过了不可思议的痛苦，并且在毫无准备的情况下被迫进入了死后中阴，此时他该怎么办呢？——他只能不由自主地接受黑白善恶业力的引导，并滑向转生下世的路途。也许他会因善业成熟而投胎到善趣，但也可能因死亡时那一刹那间的憎恨而转世到极为痛苦的恶道！这些想法在短短的几秒钟内涌向我的脑海，使我对人生的无常又有了新的认识。中国有句俗语说：天有不测风云，人有旦夕祸福。如果我们不学佛，也不思考、不修习人生甚深真理而空度一生，那么一旦无常来到眼前，我们又该如何应对呢？那时不会再有任何依靠，无论我们再怎么精通世间法，也都无济于事！佛陀曾告诫我们应时时刻刻忆念无常的痛苦；人身难得，应珍惜自己这无比可贵的生命；人身如舟筏，如果好好利用，它将承载我们抵达解脱的彼岸，但如果将之用来造恶业，那就毁坏了自己的今生后世。高僧大德们因深明此理而发奋精进修行，他们发大乘菩提心以利益一切众生，从事自利利他的事业，结果使自己的人生充满了意义。我们若跟随往昔大德们的足迹，此生定无悔。

随着信息时代的来临，地域间的距离在逐渐缩短，东西方文化的交流也越来越广泛。越来越多的西方人接触到佛法，并对之生起了信心，尤其是佛教里的慈悲平等的精神更是令人信服。现代社会不但物质生产高度发达，同时对文明程度的要求也变得更高了。十几年来，在国外成立了各种各样的保护生态环境、保护动物生命的协会及组织，有很多人积极参与。

保护动物、断除杀生并保持常年食素的人不在少数。受此潮流影响，不少航空公司在国际航线上也开始提供素菜配餐。很多家庭在花园里为小鸟砌好鸟巢，给小鸟喂食，以此避免它们杀死大量小虫子。无家可归的小动物也得到了慈善机构的照顾。连荷兰女王也因狩猎行为受到了动物保护组织的抨击。可见，世间善良的道德准则与佛法实乃毫不相违。看来，随着崇尚善良品格、追寻人生真理的人群增多，莲花生大士的预言正在逐步实现。我相信在不久的将来，佛法定会吸引全世界有缘者的目光，并将最终引导无量有情走向自己的本来净土。

我与艾泽生博士交往已三年了。我的感觉告诉我，他是一个名副其实的修行人、大医学家。在他身上，爱与慈悲总是能从他的日常行为当中源源不断地流淌出来。

有智慧的人往往把生活中碰到的一些在常人眼中看似很普通的事当成修行的助缘，比如当艾泽生碰到那次车祸时，他及时地将之转化成观修无常的一个契机。无智之人恐怕遇到此种情况时，便只有毛骨悚然或尖声狂叫了。其实佛教除了有观修无常的教言外，还有许多不离世间经验的修法，这些修法均是打开我们认识惯常世界的一个个窗口。

客观公正地说，世间人对寿命无常也有比较深刻的体认。早在公元前后，罗马帝国初期的政治家、戏剧家及斯多葛学派的哲学家塞涅卡就曾说过：“你出生的那一刻，死亡便已经开始。”而乌尼利乌斯，这位公元1世纪前后的拉丁语诗人也说道:“出生时,死亡即刻开始,‘结束’已题写在‘开端’上。”既然如此，那就让我们好好把握住这稍纵即逝的生命吧!

总之，艾泽生博士所理解的寿命无常都是非常关键的佛法核心。如果一个学佛的人掌握了这点，那他今生一定不会懈怠、不会退缩，他一定会沿着既定的轨道、目标，向着美好的解脱前程勇往直前。

追随内心，才能洞见生命的月光

春暖花开的季节总能让人的心情愉快起来，特别是在色达这样一个冬天几乎要占去长达七八个月光景的地方。当大地复苏、万物开始吐绿的时候，远山近水那一片充盈绿意的大地，使我感到心灵的天窗似乎已经打开，春天的气息正源源不断地扑面而来。

就在这样一个春光明媚的早晨，当阳光刚刚铺满大地的时候，从美国赶来学院参学、钻研佛法的林明博士来到了我的同步翻译室。林明博士从中国的北大一路“征战”到美国的密西根大学，从学士学位到博士学位可谓过关斩将、所向披靡。不过从她脸上，你一点儿也看不到一般高学历知识分子那种常有的骄矜气。她人非常朴素、善良，对除真理以外的庞杂世事一点儿也不关心。听到她说她对佛学院的闻思修气氛非常满意，我便饶有兴趣地询问起她获取超世间学问的大悲智慧的过程。我一边听着林博士对世间知识与佛法教义的分析，一边就在心里感叹不已。一个女孩可以为了希求正法而不远万里到这里来求学，这种精神不说感人至深，至少也是难能可贵的。

说起我的世间经历，平心而论应该是光明一片：我在北京大学生命科学学院学习生物及生物物理学，获学士学位后又前往美国继续深造，并获纽约大学生理学硕士学位，后来又在密西根大学获生物统计学博士学位。可能很多人会羡慕我的高学位，不过说老实话，我个人却从未以此为荣过。因为十几年的东西求学史让我深刻地明白了一个道理，你就是把学问做到"后后博士后"，如果不能了解生命的真相、宇宙的来去、人生存于社会的意义，那你即使是一个超级教授、超级权威，在我眼中也与路边那些静默的石头、小草无异。人之为人，绝不仅仅在于披上人衣、人皮而已。否则所谓的"万物之灵"又"灵"在何处呢？如果你连自己是谁都不清楚。

那么我又是谁呢？从名字上来看，我叫林明，但林明就是我吗？"林明"只不过是一些笔画的结构合成而已，它怎么可能指认一个有血有肉的生命个体呢？这个问题曾困扰了我很久，直到接触佛法，特别是禅宗以后，我才算大概粗通了"不立文字"又"不废文字"的"借假修真"之理。

也许由于父母都是科技工作者的缘故吧，我从小就对科学有着浓厚的兴趣。上小学五年级的时候，有次我去观看天文展览，惊叹于神秘浩瀚的美丽宇宙。许多日后，挥之不去的问题悄然浮现于我当时尚显幼稚的大脑里。印象最深的便是看到宇宙的无边无际后，我头一次感到了平日里总认为大得无法想象的地球，以及一直自矜为能创造历史、改天换地的人类，竟都是如此渺小与无力。想当初从北京到上海坐了近二十个小时的火车，我就感叹“我们的祖国真是地大物博、幅员辽阔”，一对比宇宙的时空动辄以“光年”计，我马上就想到：“天哪，我们才能活八九十岁！这太可怕了！这怎么可能呢？”

小小的我不禁对人生的意义产生了一个极大的疑问，于是赶紧向在我眼中历来高大、睿智、无所不知、无所不能的父亲提出这个疑问。和蔼的父亲以过来人的口吻谆谆教导道：“我以前也曾经想过这个问题，不过后来我不想了。”

“为什么？”我有些疑惑不解，难道这么重大的问题竟可以忽略不计吗？

“因为人不能总想这些没有答案的问题！否则我们该怎么活下去呢？”

回到家，对父亲的解答非常不满意的我，又站在了穿衣镜前。我长久地注视着镜中自己的影像：这个人就是我吗？我是谁呢？我打哪儿来？妈妈未生我之前，我在哪里？是不是在空中飘荡？我为什么会是我父母的孩子？别人的父母为什么做不得我的父母？……

正是对生命的这种穷追不舍的刨根问底，才让我日后选择了北大的生物系。但上了生物系，疑问非但没有解决，反而又有所增多，真是“剪不断，理还乱”。这时有点理解郑板桥的“难得糊涂”了。但我就是没法糊涂，我总在想，数以百万计的精子中，只有一个能和卵子结合形成受精卵，这种碰撞过程看起来是十分偶然的。那么，如果是这数以百万计的精子中的另一个和卵子结合了，妈妈生下来的 baby 恐怕就不会是我了。如果不是我，那会是哪一个林明呢？

随着年岁的增长，我所学到的越来越多的科学以及人文方面的知识并没有抚平我心中的疑惑，有时我也不得不学着爸爸的样子把它们渐渐淡忘，否则我可怎么活呀？我不能终日沉浸在这些令人困惑的问题中吧！

大二的时候，在一个偶然的情况下，我看到了蔡志忠先生所画的漫画《六祖坛经》及一本介绍禅理的小书《月》。第一次把它们看完时，我还不十分理解书中的内容，但我的眼前却为之豁然一亮：以世间的思维方式无论如何也找不到答案的问题，可能在佛陀的思维方式观照下会冰消瓦解吧。为什么以前我从未想到、听到、看到这种智慧的存在呢？是我的思路有问题，还是我所接受的教育有缺陷？尽管后来我从蔡志忠和《月》的作者林清玄居士那里，进一步把目光又转向了宁玛巴的大圆满，但我还是要感谢他们——他们的“指”并未让我见月，但至少让我明白了天上有轮明月，我应该自己争取去看到并沐浴在它的清辉下。就好比我的疑惑并不能直接让我得到答案，但至少它能提醒我应该找到答案一样。

记得当初一翻阅这两本书，我就马上感到了一种阅读的快乐，并深深地爱上了它们。一遍不懂，我就两遍、三遍地看。渐渐地，我惊喜地发现，我可以逐步领会书中一些公案的深意了。并且让人意想不到的是，我居然接受了一些故事的教育意义，开始试着改变以往的某些性格弱点。原本懦弱的我，在懂得了“心、佛、众生三无差别”后，竟也开始学会“当下承担”，以大无畏的勇气和自信去勇敢面对人世的困难与挫折。既然我本是佛，只是妄想、颠倒、执著使我不能证得，因而不能现起大机大用，那我就应该努力放下一切包袱，以无分别的量等太虚的心去包容一切、空诸烦恼，怎么可以再杞人忧天似的重新去“实诸所无”，把困难又牢牢执著起来放在心上，自我束缚呢？原本来去自在、无挂无碍，我又何必要给心戴上一副起识分别的虚妄眼镜，再去给外物贴上好坏的标签呢？“非风动、幡动，乃仁者心动！”这句话给了我极大的启发，让我在很长一段时间里都在考虑如何才能不“心动”，又不如木灰土石一般死寂的方法。

这两本小书慢慢地成了我的解忧良药。每当我感到痛苦、迷茫之时，它们总能给我以安慰。我还把六祖那句“人有南北之别，难道佛性也有南北之别吗”贴在床头，每每于夜深人静之时都要细细品味一下这句话中包含的智慧与哲理。我多么渴望自己有一天也能亲身感受到证悟的快乐呀！哪怕只是一瞬间让我打开本来，见到本性，我也感到此生就算没白来过。

就这样，我艰难地在一个越来越物化、越来越异化的社会里坚持着我的探索，坚持着对所有困惑我的人生终极问题的思考。没有老师，同道也很少，就靠自己摸索、读书、品味。我的这种学佛充其量只能算是学看佛书吧！但我依然很满足，并感受到越来越多的快乐。终于在2001年的6月，带着许多不解，怀着对佛法的敬仰，我在各方面的因缘促动下，奔赴了中国四川色达喇荣佛学院。

刚一踏上佛学院的土地，那纯净的天空和几位可爱的小觉姆就深深地打动了我。短短的几天时间，我转了坛城，听了上师们的传法，拜见了许多学有所成、修有所证的大成就者。特别是在听了一位堪布讲的《入中论》后，我总算第一次从因明的角度、从意识的迁流不断上了知了前后世，这可谓是此行的最大收获，它从另一个侧面加深了我对轮涅诸法实相的了解。禅宗对“空有不二”的阐释，在密宗对六道轮回的解释帮助下，得到了最完美的表述。从此，我对空性的理解又踏上了一个更高的台阶。

令我十分惊异的是，我在学院拜见的这些高僧大德都让我感觉是如此平易与随和，他们的智慧、自在、慈爱深深地吸引了我。这种吸引不是来自口若悬河的说教，也不是因为人们经常挂在嘴边称颂的神通奇迹，而是他们在日常举止上所表现出来的谦逊、机智、从容，与处处发自内心的对别人的尊重与关爱，特别是他们对外境一切显现的随缘、自在、无碍和放得下的旷达胸怀。

人生的意义到底是什么？我是谁？我从哪儿来？……这些问题还是盘踞在我的心头。不过与儿时不同的是，今天来到佛学院后，我似乎已看见了佛祖那指月之手。我相信有一天，我终将会顺着那手望见那轮美丽而皎洁的圆月……

正与林博士谈得很开心时，忽然来了一个道友，通知我今天去开会。

带着遗憾的心情，我不得不终止了与林博士对佛法的交流。但她对生命的热爱和尊重却久久地印在了我的脑海里。我想，真正有智慧的人都会关爱生命吧。英国著名历史学家汤因比在他 85 岁高龄时说过："我每天早晨 6 点起床，继续研究生命的永恒性、精神与肉体的关系问题。我做出了许多结论，其中之一是，生命是永恒存在的。"因而我很为林明感到庆幸，在她 28 岁时，她就已经把目光转向了佛教。听她讲，她今后的主要任务便是想将藏传佛教与东方传统人伦情怀中的爱与慈悲的力量结合起来，并将之传播到西方。这是一个了不起的行为，而且我个人感觉这个宏大工程的缘起也非常好。记得日本的日莲圣者在《御书》中曾写道："日出东方照西方，佛法亦如斯。"欧洲共同体之父、已故的库登霍夫·卡列卢吉博士也表达过相同的意思："伟大的思想就是起源于印度、历经中国的……和平的、尊重生命的佛教思想。"

因而我们有理由相信，林明不仅自己会因指见月，而且也会带动更多的西方朋友共同望见这洞彻生命的月轮佛光。

参悟人性，点亮生命之火

学佛之人无论通过显宗还是密宗，只要如理如法、清净行持下去，则都能摆脱轮回烦恼，获得生死解脱。比如对在汉地唐末宋初时曾达到巅峰状态的禅宗，我本人就十分欣赏。尽管没有时间按禅门风范行持，但我一直非常赞叹禅宗的甚深见解。我个人以为禅宗的最高境界与大圆满无任何本质差别，特别是无垢光尊者的《大圆满禅定休息》，在内涵上基本吻合禅宗宝典《六祖坛经》。

因而对于真正学禅的知识分子，我一般都赞叹有加。今天又有机缘与钟书荣对话，内心更是法喜充满。钟先生虽已年过四十，但清雅的面容配上一个一米八的身材，使他看起来既显风雅又不乏庄重。谈到他的学佛经历，特别是他在心地法门游弋的感怀，他的情绪明显高涨起来。

也许从小我就与佛门有缘吧。小时候，生在安徽无为县的我直到三岁都不会讲话。心地善良、虔诚学佛的母亲便抱着我到山上的庙里去拜佛许愿。结果回来后不久，我就真的会说话了。

十八岁时我应征入伍，被选为特种兵。退伍后考入安徽师范大学，毕业后分配在省司法系统工作，后又调入合肥市工商局。与社会上一般人的思想境界一样，那时的我也希望能升官发财。凭着岳父大人是军官的靠山，我还幻想着在政界有所发展。不过，天生崇尚自由的性格使我根本过不惯拘谨而刻板的机关生活，结果没过多久，我就辞去了公职，到南方随着众多的捕鱼捞虾者开始了妄图在商海中去当回弄潮儿的经历。拼搏了一番，生活的物质条件虽然如芝麻开花般节节高，但总感觉怎么也生不起一种满足感、归宿感，心里好像总是空荡荡的。这期间，我们可爱的女儿一天天在长大，同时我和妻子的关系也在一天天恶化。也许一个县城里来的娃子和一个高干子女的结合本身就是一种不和谐吧，我们越来越难以共同生活下去。1994 年，我们终于协议离婚了。

这第一次的婚姻破裂并未给我带来过多的痛苦，生性乐观的我依然对未来充满了渴望。但我也渐渐意识到一些问题，比如我在保持高昂斗志的同时，却总有一种心虚感，我不知道我所编织的关于未来的梦，到底会不会让我得到最终的满足与幸福。

也就是在这样的状态下，1995 年我首次接触了佛教。到此为止，三岁时的那次拜佛前因才如一条隐隐的红线浮出浮尘表面开始牵着我的心。读到的第一本佛学书籍是南怀瑾老师的著作，他对释、道、儒深入浅出的诠释让我耳目一新。借着他的指引，佛法的深邃智慧头一次打动了我的心。在合肥明教寺，我请回了流通处几乎所有的佛学著作，从此就开始如饥似渴地潜心阅读起来。渐渐地，佛陀的教言开始引发我内心的共鸣。我觉得生命中的某些深层内涵正在被佛法一点一滴地开发出来，不知不觉中，佛法就走入了我的内心。

接下来的日子，生活好像又有了新的目标，生命重又焕发了活力。以前的那些外在驱动力现在正被逐渐地转向内心，我愈加感受到了之所以对一些外在目标心感空虚，就是因为外在的所有驱使全都被引向一个无底洞，它深不可测，而且永远无法给生命以归宿与亮光。只有佛法才可以让我有一种畅游天地间、生命无所碍的感觉。我开始渴望佛法能在我身上放光、显出奇效；我企盼自己的佛性能开显出来，像古代的诸多禅宗大德那样展现出绚丽的人性之光。于是我很自然地在合肥明教寺受了皈依，并从皈依师那儿学会了坐禅。禅宗的观心法要对我帮助太大了，我对打坐参禅生起了浓厚的兴趣。静坐的结果是使自己的身心发生了一些变化，并产生了初步的轻安。为了更进一步体会佛法的究竟妙处，在初步禅修的基础上，我开始了四处参学的历程：西进西藏，拜见班禅大师的场面令我终生难忘；到佛教四大名山参访善知识的历程令我见识大长；四下江西寻访禅宗正脉的求道勇气激励着我永不退缩……多年来的寻访问道使我结识了很多当代高僧，足迹也遍及大江南北。一方面收获确实不小，另一方面又渐渐发现了自己学佛的盲目性。大师们的慈悲接引使我领受了不少佛法甘露，但由于我总是这么蜻蜓点水似的一晃即过，不能安住于一地一寺，故而那么多片言只语的教授，我似乎怎么也不能将之连成片。而且这么晃荡过来晃荡过去，结果竟是心智未得到如愿的开发，相反倒产生了许多疑虑。特别是对“三世因果”“六道轮回”产生了虚妄的“空”见。与之相反，有一段时间，我竟然对原本应该真正空掉的神通与神异之事发生了浓厚的兴趣。结果神通没求到，烦恼又空不下去，日久天长，痛苦便开始蔓延起来了。

在意识到自己的困境后，我开始冷静地思索自己学佛所走过的路程。我认定学佛是应该可以给自己的心灵带来安慰与自由的，自己刚开始时不也尝到了学佛对心灵解放的作用吗？为什么现在却会走上弯路呢？是我对佛教的期望太高，还是自己没把握好方向？到底生命能不能像从猿到人那样，在佛法的帮助下发生一种质的升华呢？

有时候真的是犹豫不决起来。但每每想到退回世俗生活中去时，在云居山真如寺打禅七的美妙觉受又总是隐隐地提醒我，应该把这条路坚持走下去，虎头蛇尾岂不是太可惜了？

那就再次上路吧！给自己多一点探索的时间，好给生命一个最完美的交代。

这次的目的地是河北赵县赵州古佛的祖庭——柏林禅寺。2000年8月，我在这里接受了一位王居士的开示。王老师说，很多人抱着世俗的观点学佛，怕上当、怕受骗，事实上学佛有什么当可上的呢？既不交钱也不交税，只要你坚持不懈地利用业余时间如理如法地修下去，长的不说，我们以三年为期，你看看你自己有没有收获。在世间学个木匠活儿少说也得三年，更何况是寻觅了生脱死的无上甚深法门呢？王老师劝我从禅宗的心地法门入手，因我在这方面已有一定的初基，直下深入进去，看看心地到底是何种风光。他还开导我说："如果你对三世因果或其他的教义尚有疑虑，可暂时将这些问题搁置一边，心无旁骛地专心修持下去，等真正有所了悟了，便会知道佛法的真实不虚。那时你一定会体会出'天下老僧不曾瞒汝'这句话的含义。"王老师的开示对我特别应机，解开了我意识深处的症结所在。我想许多像我一样的知识分子，在学佛过程中都有几个难以逾越的心理障碍，诸如对三世因果的确认，对一门深入的持久体验，对言行合一、心行一如的坚持，对空有不二的非断非常、非边非偏的离一切戏论的究竟体认。多年来的学佛使我认识到，若以一种虚浮的心态去理解判断这些问题，是毫无意义的，终究难以转出分别念的死胡同。王老师的开示对我的启发就在于，只有按佛法的修证要求去实际修行之后，特别是当静下心来，用自身的智慧去观察、体悟自己那颗念念迁灭不定的心时，我们才会对人生万象的至理有个正确的认识，这种认识绝不会是当你随波逐流、心随境转时所能达到的认识高度与层次。

认识到了这一点，我开始放下思想包袱轻装上阵了。我集中起全部的心念，连续两年在云居山真如寺参禅打坐。结果这一次的全身心投入，让我的人生别开生面。

云居山的天很蓝，水很清，雾也时常漫山遍野，隔断了你向尘世远眺的视线。云居山的禅风更是称雄于世。在这里打禅七的生活给我留下了刻骨铭心的记忆，喜禅的我在祖师大德们的慈悲护念下，心情平和而喜悦地向禅门堂奥一天天挺进。在禅堂里，各个禅和子抖擞起精神，放下万缘杂念、提起生死大事，依《六祖坛经》《指月录》《古尊宿语录》等法汇劈开生死，拼却性命也要力争打开本来面目；提起一则话头或公案，朝夕于斯、念念于斯，力求能早日明心见性、彻证无生法忍。每个修道人的风范、神采在禅堂里全都毫无保留地展示出来。

依循种种妙法，我在心地法门上翻腾搏击、尽情纵横。心中的壁垒渐渐地破裂了，顽固的分别执著也渐趋无力、消融。当坐禅达到物我两忘的境地时，我忽然感觉好像进入了心灵的最深层次，在一种相似的定境中，一切言语都显多余，一切心念都显示出它们戏论的本质。在那明清之境中，我总算初尝放下身心后所感受到的甚为安详的解脱心境。自此，一种对世界人生的全新体验在心中生起：我与万类同一体，无挂无碍虚空游。

有时于夜静时分，望着云居山上空那轮照彻千江水的明月，我就不由自主地想起了古代一位修行人的话："但愿空诸所有，切勿实其所无。消除主客对立，空去一切妄想情识，最后连空也不留，空得一丝不挂、片瓦不存。千万不要害怕落空亡，因为真正空绝对不妨显妙有。不经大死不得大活！"现在的我才算对此话稍微得了个入处。

如今的我已经彻底辞去世俗人间的所有工作、杂务，来到一所佛学院专一教授文化课，同时加紧修持。在身心世界有了明显改观的情况下，我对未来的修行更是充满信心。无怨无悔地，我将把余生全部用在修持佛法上，我想我应该力争参悟人性的实相理趣，这样的生活才有意义，我的生命也才能焕发出光彩。

愿每个人的生命都能被佛法点亮！愿这生命之光一点一滴照彻所有众生的心房。

听罢钟先生的叙述，我在内心生起了一种半是欢喜半是忧的感触。一方面为他的选择赞叹不已，赞叹他将大好年华终于用在了求索佛道上；另一方面又很是替时下更多的未醒悟之人悲哀，特别是这些人当中的所谓成功人士。他们往往生活在鲜花与掌声中，生活在镁光灯的绚丽闪烁中，但我从不认为他们生活得有多么光彩。沉迷于幻网中的人们啊，当无常之魔掌开始吞噬你们的生命时，你们还能潇洒自如地边走边唱吗？就这么贪恋身外的瞬间辉煌，就这么不注意真正能焕发生命之光的修道大事，我不知道当死亡降临之时，身前的这些成功光环能否照亮你们的幽冥之路？

再一次祝愿钟先生能早日证悟法界本性，早日放射出生命的慧光。

心性的自在

站在首都北京的街头，看着四面八方如潮汐一般涌动的人流，我总要问自己这么一个问题：茫茫人海中，有多少人听闻过佛陀的教言？有多少人接受过佛法的甘露滋润呢？在北大参观时，这个疑问就更强烈了。因为作为中国最著名的高等学府，从这里走出的为中国乃至全人类做出贡献的人不胜枚举。但如果这些人中的精英们对佛法不了解、不认同，甚至排斥的话，那我就不知道他们的这种贡献到底能在多大程度上究竟利益人类的身心与社会的健康上升。

因而多么希望北大的莘莘学子，能用真正开放的胸怀、智慧的头脑，去体味佛法的慈悲与智慧啊！

所以，当听说北大有个禅学社时，我的内心的的确确感受到了一种欣慰与庆幸，特别是在了解了毕业于北大心理学系的硕士研究生圆法的修行经过后，这种感觉就更为强烈了。作为禅学社的一员，圆法主要依靠对大悲咒等咒语、名号的行持，而了达了禅宗直指心性、见性成佛的殊胜法门。恰恰在这一点上,圆法的经历可以对许多认为念诵咒语等修法属“有相密”,因而与禅宗砸碎一切外在名相的境界不可同日而语之人的看法，是一个有力的纠偏之机。还是那句话：法无高下。透得过去，则万法归一，条条大路通长安；透不过去，则分别名相、执著宗派，而致纷争不息。

全知麦彭仁波切在《大幻化网》中说道：“心咒就是本尊，依靠如意宝一般的心咒，可赐予修行人一切今生来世的所想所缺。”所以很为一些知识分子依靠心咒的力量而了达心的本性感到高兴!

圆法凭借大悲咒现见心的蓝天，我们就趁此机会来浏览一下这万里无云万里天的清净面目吧。

从小我就向往着能拥有一片纯净的蓝天，我可以把全身心融化其中。为此目的，我一直在孜孜不倦地寻找着，直到真正从佛法中受益良多后，我才恍然发觉，这蓝天其实就在我心中。

想想自己学佛的缘起，只能用“不可思议”四字评之。真正学佛之前，我已念过七年的六字大明咒。不过,当时我根本就是把念咒当成一种“气功”,目的是治病，甚至想借此出一番“神通”，而对其中所蕴含的佛教精髓并无太大兴趣。但就这么念呀念呀，念到后来居然就给我念到佛门里去了。当时是糊里糊涂，现在再回头去看，我不得不佩服观世音菩萨的慈悲接引，这就是她老人家的善巧方便度生法啊！后来接触《普门品》的经历也大致相同，这让我再次对观世音菩萨、对佛法的种种不可思议处生起极大信心。

很早以前就听闻过《普门品》的大名，但当我最初看时却觉得它“太浅”，好像神话故事一般。那时由于受念诵六字大明咒的影响，我已开始趋入佛门并读了《金刚经》《圆觉经》等经典，故而仅从自己肤浅的角度去理解，觉得《普门品》没什么“味道”，不如那些大经大论深刻，所以就把它放到了一边，而且这一放就是好几年。一直到后来我开始经历人生中最艰苦、最彷徨的那段日子时，在极度的迷惘和恐惧中，我才突然又想起《普门品》中曾说过念观世音菩萨圣号可以让人脱离苦难和恐惧的教言。情急之中，我也不管“深奥”不“深奥”了，拿起《普门品》就开始不断地大声念起“南无观世音菩萨……”这次的经历让我马上再次回忆起以前念大明咒的情景，那次是“歪打正着”，这次是临时抱佛脚，但无论怎样，观世音菩萨都没有舍弃我。念着念着，心居然就慢慢地平静了下来，恐惧淡化了，痛苦减轻了，因为我开始感觉到观世音菩萨似乎正在给我撑腰、打气。有了她的慈护，我还惧怕什么呢？渐渐地，我好像感觉到了一片蓝天开始在头顶出现：那么纯净、那么开阔——这不正是我童年以来的最大憧憬吗？第一次从内心体会到观世音菩萨的伟大！第一次，我从内心感受到《普门品》及佛法的伟大！因为第一次感受到了心的平和与空灵，我这才意识到“浅人当成浅法看”这句话的意义。从此再进一步深入佛经，才开始渐渐体会到它的堂奥。就像《弥陀经》一样，《普门品》也是宣说如来果地境界的经典，却常常被人看浅。人们往往忘了《华严经》的最高境界是“事事无碍”，而绝非“深奥无碍”。《普门品》中讲述的观世音菩萨救火灾之事，经常被人口头理解为是比喻，这火喻“欲求”“嗔恨火”。其实现实中的火灾、水灾，你又焉知它们不是被人心中的贪欲与嗔恨催生起来，又借助一定的外缘而以灾变的形式显现在世人面前的呢？心地如果不净，这山河大地还不知又要怎样显现它的愤怒相呢！就像我念《普门品》时的感受一样，心地无事了，又何愁外缘纷飞呢？

再往下走，我对佛法的理解就更深入了一步。生存于世俗间，我越发体会到人生不如意事常占十之八九。每个人都有无数的欲望，而这些欲望又往往要遭受挫折，故而就会令人常生感叹，我也一样。不过学佛后的我，心境自是大别从前。空闲时，我常常坐在北大的未名湖畔，借着一遍一遍持诵大悲咒的力量，把所有的烦恼都倾吐到虚空当中去。我知道佛言不虚，我相信大悲咒的力量遍布虚空法界，一定可满众生心愿，但这其中的真正密意还是在网上看到某位法师讲解《华严经》后才得以了悟于心的。那位法师说：“整个虚空界就是你自己！”这句话似一道闪电，突然劈开我心头的乌云：原来大悲咒的力量不可思议，是因为我们自性的力量不可思议！大悲咒可满众生无量无边之愿，那是因为我们自性当中的宝藏本来就无量无边！只是由于平日逐物迷情而没有被发现、开发出来而已。大悲咒就像一把火柴，点燃了我们久已蒙昧的心灵慧焰。从此以后，每当我再念大悲咒时，感觉就完全不一样了。我的信心更大，恭敬心更强了。我相信大悲咒，因为我相信我自己；我恭敬大悲咒，因为我恭敬自性佛。学佛学到这，我算是对禅宗“见性成佛”“当下承当”的观点有所认识了。打那以后，我越学佛越快乐、自信，同时也越发恭敬众生。因为人人皆有天真佛性，一体同怀、无二无别。以前也知晓“同体大悲”“无缘大慈”，但总觉得自己的理解偏于理性、偏于口头，很难落实到行动中。明白了“心、佛、众生无二无别”后，这种理论才在我心中深深扎下了根。

印光法师曾说过：有一分恭敬得一分利益，有十分恭敬得十分利益。而真正的恭敬心与信心又非凭空而来，它们来源于正确的见解。在我对空性、对本来无生无灭、对大平等有了一些相似正见后，每每再念起大悲咒来，心中似乎总能感受到一片湛蓝晴空的存在。我真的是希望整个生命都能化成一团空灵之气，融入那无边无际的空间。

再回想起人们经常说的那句“知足常乐”，在佛法的观照下，我对这句话又有了更新、更深入的理解。这“足”实乃指“本性具足”，若人知道了他所希求的一切其实全都储藏在自家心田里，根本不需向外苦苦追寻，不需以造孽作恶为代价去谋取；也根本不必患得患失，因为自性宝库永不枯竭，那样的话，则人人该是多么自足而快乐。“不读华严不知佛家之富贵”，的确如此，你若真的以为财富全在社会上印行的纸币里，那我也只能为你叹息。离开了佛法，你就永远丧失了开发自身智慧宝库的机会。我们应该厌离的并不是这个社会本身，而应是那种被烦恼奴役、被无明戏弄的耻辱而愚痴的生存状态。这世界本身原本是非常美好的，只要我们擦去蒙蔽心灵的灰尘……

再一次看到了那一片蔚蓝蔚蓝的天空。也许是心的影射，也许是观世音菩萨变现的光辉。无论如何，让我们双手合十吧，为了你的、为了我的、为了一切众生心中的蓝天，让我们祈祷吧……

圆法的见解让我心中生起很大的欢喜，因为他对心性的认识境界还是比较高的。如果能言行如一，这样的修行人应该说是续佛慧命的希望。圆法从禅宗角度理解的蓝天，总让我想起大圆满的伟大导师无垢光尊者，在其不朽的论典《七宝藏》中也大量引用了以蓝天为喻的金刚句。记得无垢光尊者总爱用清净、透彻的蓝天来比喻了然、明然的心地境界，并一再强调，如果行者要想观心的话，蓝天就是他最好的对境，特别是在修托噶时。在这一点上，大圆满的观心窍诀与显宗依靠蓝天而获证心、佛、众生的本来面目，应该说是有异曲同工之妙。

我本人也是通过大圆满的修行窍诀而多多少少对佛法有了一定相似的了解，只不过为了保守密法的缘故，在此就不宣说了。等到有缘的朋友们得过相应的灌顶后，到那时，我再依诸位传承上师的教言与你们详论一番。更进一步说，不仅蓝天，这地、水、火、风在密宗里都可成为一个真正修行人的修法助缘，可以帮助我们把一切都观为自性、自性的妙力。而借助各种心咒则是非常好地达成这一目标的捷径。

愿人人都能依自己的根基找到合适的观心法门；愿人人都能在心性的蓝天中尽情畅游，去体会多生多劫以来，与我们擦肩而过的本属于自性的自在！

发现心底的快乐与安详

当我们的身心正处在旺盛时期时，我们应该好好利用这一阶段的充足力量去涉猎佛教以及世间的科学、人文知识，否则等白了少年头，那就只有空悲切了。年轻的知识分子们，如果能一边工作一边学佛，则是最好不过的了，千万别像有些人，动不动就把学佛推到退休以后。一些人以为退休后可以很好地利用空闲时间钻研佛经，其实你只要看看街头巷尾的书摊上，那些《名人垂钓》《老年养花》《金秋娱乐》等杂志书籍，就可以知道这种想法是多么幼稚与不切实际。利用年轻时的大好精力，在不影响自己工作的前提下学佛，该是一件多么舒心惬意的事啊！

这一点，想来毕业于西南民院的王智利早就有所领悟，否则，她也不会现在就把佛法当成自己最重要的事业了。

我出生于一个小康家庭，成长经历可谓一帆风顺：从高中考取大学，大学毕业后又作为优秀学生被选入国家机关工作。如今，我一边工作一边学佛，生活因此充满了充实而有意义的情趣。

1997 年以前，对于佛教，我并没有多少认识。唯一看过的佛教书，是一位朋友从南京栖霞山带给我的《安详集》。尽管对这本小册子中的一些名词，如“法的现量”“法的比量”等无法理解，但其内容我却能完全接受，以至于每当自己生起烦恼之时，我都会不由自主地翻看它。

1997 年 7 月，一位朋友从外地打电话来，让我帮助他到成都文殊院青年佛学社打听一些事情。一天晚上，我便和一个朋友到文殊院去了。在这之前，尽管在成都住了十多年，但我从未去过文殊院。找到了青年佛学社后，我发现里面有不少佛学书籍，一个青年人热心地告诉我们说，可以到此借书看，并提醒我们，要去圆通殿找某位法师，才容易弄清楚看书过程中可能会碰到的一些问题。

来到圆通殿外，一阵阵庄严、悠扬的“南无阿弥陀佛”的唱念声不断传来，我不由自主地对朋友说：“我们进去看看吧！”很奇怪，我们进殿后便很自然地跟着大众念了一小时的“南无阿弥陀佛”。念完后，我心里有种很舒服的感觉。从那以后，我便对佛法产生了好奇和想学习的念头，于是就开始到文殊院青年佛学社参加一些学习研讨。

1997 年 10 月 1 日，佛学社在德阳万佛寺举办了为期七天的第二届禅净共修营。短短几天，便使我对佛教和佛法又有了更深刻的认识。这完全应该归功于组织这次活动的一些高僧大德的慈悲。他们不辞辛劳，天天为我们开示佛法的含义，并用他们的智慧启发我们的觉性。禅净共修营的活动丰富多彩，参加的人员大多数是年轻人。清晨大家统一着装开始跑山，边跑边念“向西方，向西方，大家一齐向西方”。跑山结束后就到大殿开始上早课，念《阿弥陀经》及佛号。上午一般是法师开示，下午是念佛静坐，在这期间还进行了燃灯供佛、朝山、忏悔等仪式。每一次活动，似乎都让人被污染的内心得到清凉的洗礼；每一天清晨都使我体会到了“闻钟声，烦恼清，智慧长，菩提增”的意境。当我们跪在大殿上面对佛像，念到《普贤行愿品》中的“往昔所造诸恶业，皆由无始贪嗔痴，从身语意之所生，一切我今皆忏悔”时，就像向来顽皮的孩子突然意识到了自己往昔所犯下的种种错误，于是面对母亲，悔恨的泪水便止不住地掉下来。虽然心里因所造之罪孽而倍感难过，过后却不乏欣慰感慨：这是觉悟的眼泪，也是走向解脱的眼泪。黑夜里，当点点供佛的灯火闪现时，每个人心里对释迦牟尼佛都有一种神圣的崇敬之感：天上天下无如佛，十方世界亦无比，世间所有我尽见，一切无有如佛者。

当朝山时，我们三步一拜地跪到地藏殿前，领头的法师语重心长地告诫我们说，地藏菩萨是专到地狱救度众生的，现在是末法时代，大家要是不努力修行，将来就只有到地狱里等地藏菩萨来救度了。话音刚落，大家便齐声痛哭起来。我想，当时在场的每个人的心情都是复杂的。我痛哭是因为觉得自己就像经书中说的那样，在生死大海中头出头没而长时间不知出离。

通过这次禅净共修营的学习，我发现深藏于心底的灵性和觉知得到了苏醒，我深切感受到释迦牟尼佛是一位完全觉悟了的大医王。如果说医院里的医生可以救治我们的生命，那么释迦牟尼佛则以佛法为医方，不仅救治我们的生命，而且还拯救我们的慧命，让我们走上一条离苦得乐、幸福圆满的人生大道。我们每个人不都是想追求幸福生活、解脱生老病死苦吗？我想了又想，这个世间除了佛法外，还有其他什么方法可以达到这个目的呢？没有！当我得出这个结论后，便自觉地将修行——修正自己错误的思想、言行当成了我生活中的必需。尽管和自己做斗争是很困难的，甚至有时会进一步退三步，但佛法始终如一盏希望的明灯，照亮了我人生旅途中每一个黑暗的角落。在生活中遇到烦恼时，当工作中遇到挫折时，我都会自觉地将佛法的理念融入其中。渐渐地，我惊奇地感受到，烦恼和不安在减少，快乐和安详在内心稳步增长。

人身难得，佛法难闻。我期望能有更多的人在今生就得闻佛法，并依止福慧圆满的具相上师。大家都能早日找到人生的航向，共同驶向幸福的彼岸。

刚刚在我的书院里记下王智利的经历，当我把目光转向院子里盛开的各色鲜花时，就发现了一桩怪事：在五彩缤纷的鲜花中间，有几枝是假花，插在地上纯粹是一种点缀，但在一朵假玫瑰上，一只蜜蜂竟也非常卖力地在花蕊中吮吸“花蜜”！我不由得仔细观察起这只蜜蜂来，而它居然很长时间地徘徊在这朵假玫瑰上。

看来它太贪恋相似的颜色了，或者说它的智慧还不足以区分真假。而它的同伴们则都在周围那充满生命力的花朵上，尽情吮吸真正的芬芳。

这让我马上就想到了当今学佛的很多人，在依止善知识时会经常出现的错误：他们可能跟这只蜜蜂一样，把没有任何资格的上师当成自己的依止对象了。

王智利是一个很虔诚的佛教徒，我希望她在学佛的道路上能更进一步——找到最根本的依止上师！只有这样，才能更快地开发出自己本有的智慧心灯；只有这样，才能照破自己以及众生的无明黑暗。

再定睛细看时，那只依附在假花上的蜜蜂已不知闹嗡嗡地飞向何处了。而那些沉醉在新鲜花蕊中的蜜蜂，则还在专注地采集着花蜜……

寻觅属于自己内心的香格里拉

真正的佛教徒都会把佛法当成洞达宇宙人生实相的最究竟真理，尽管世间的非佛教徒们会认为那只不过是我们自己一厢情愿的看法。且不论佛陀所宣示的出世间甚深胜义谛，仅从佛法揭示的关于人生的生、老、病、死诸问题，就可以让我们从中领略到佛理的真实不虚。比如说这几乎人人都会感受到的病苦吧，当人们处于相对健康的状态时，恐怕大都会因乐得忘乎所以而根本意识不到疾病的潜在存在。一旦因缘具足，疾病显现以后，佛陀说过的所有关于病苦的状态便都一一发生了。

再比如老苦，年轻时有几个人能想得到毕竟遮不住、容颜悄然去呢？总是在挥霍青春，总是在浪费时光，总是在用生命做赌注去与种种恶业为伍。等真的到皱纹爬满额头的那一天，才突然发现自己原来除了一身业障缠绕外，一无所有。

当一切都已不可挽回的时候，可能许多人才会变得稍稍智慧一点。但这刻舟求剑之举，又能带来多大的实际益处呢？

还是趁年轻时，趁身心还能闻思修时，抓住当下、利用现在，以一颗公正、平和的心去深究深究佛法吧。一旦你用自己的智慧打开了佛法的大智慧宝库，是非曲直自有公断。

这种理性的对佛法的认知态度并非佛教徒所专有，很多知识分子对此早有充分的亲身体验。来自南京师范大学教育系的硕士研究生然然，正在用她自己的经历向你证明这一点。

生命的长河，川流不息、代代相续。个体的人生又有几何？譬如朝露，去日苦多。

我出生的家庭并不富有，世代经营的都是面朝黄土背朝天的生活。父母老实本分，生育了我和妹妹两个女儿。传统的重男轻女之风，使没有儿子的父母亲心中倍感凄苦，也让我和妹妹从小就习惯了被人看不起、抬不起头的处境。

自懂事起，我便时常思索一个问题：我究竟从哪里来，又向何处去？问母亲，母亲告诉我，天上有一颗星星掉下来了，那就是我。我便问："那么多的星星，究竟哪一颗是我？"母亲告诉我，最亮的就是我。自此以后，我便夜夜遥望星空，总期望找到那颗最亮的星，因为我知道那就是我。

平凡的岁月之河里，我第一次接触到的死亡，是外婆的去世。外婆一生善良，劳作一生，等到儿女均已长大成人，还未及享儿女福，便在贫病交加中凄惨过世。我问母亲，为什么不能再见外婆了？母亲回答说，外婆死了。我又问，死是什么？母亲告诉我，人都会死，死就是没有了，再也不能看见了。

那一夜，我躲在被子里，想起有一天，我、父亲、母亲也会没有了，妹妹也会没有了，心中便充满了恐惧。那天晚上，我竟长流了一夜的泪。

后来便开始与别的同龄孩子一道上学。自入学那天起，学业成绩便一直是非常好的。当有人问我长大了想干什么时，我会毫不犹豫地回答："当大夫。"那时经常在家中穿起母亲的白色上衣，戴上白色的口罩，对着镜子左看右看，想着自己确实像个大夫。

长大以后，当然就得遭逢高考。独木桥前，当大夫的愿望终未实现。1995 年，我考入一所大学学习文科，开始了新的大学生活。

自小的生活背景，铸就了我敏感、多疑、执著心重的个性。大学第一学期期末，又适逢我的父亲因一次交通事故导致臂骨骨折，而此后一系列的不如意便接踵而至了，内忧外患使我一度陷入了严重的精神危机之中。那时夜夜失眠，精神脆弱得如一只容易受伤的小羊，哪怕是别人不经意的一句话，都会伤害我的心灵。当时的心中真是凄苦无比，现在回想起来，的确是苦不堪言啊！

这时，我遇见了我永生不忘的恩师——段老师。当我找到她时，她亲切地接待了我。情不自禁地，我就潸然泪下，对她痛快淋漓地宣泄了我的种种不如意及心中的苦楚。我请求她来帮助我、转化我、治疗我。

段老师如母亲一般对待我，她教我诵持《心经》《往生咒》。尽管我当时并不知其意，但我坚信，这是治疗我身心诸苦的良药，是我永远的依托。因为我相信，学佛的、慈悲的、如母亲一般的段老师是不会让我失望的。那一夜，在读了《心经》之后，我睡得很香，一觉醒来，内心清净无比……

在段老师的介绍下，我又遇到了我生命中第二个永生不忘的恩师——樊老师。樊老师同样慈爱地用心帮我、引导我。在樊老师的斗室里，我感觉我找到了心中的家园、心中的香格里拉。因为我知道，我虽然是个脏孩子，但母亲永远不会嫌弃我，母亲的心会永远对我开放。

段老师、樊老师他们接引我的佛法良方，总是让我想起心目中理想的母亲轻轻给怀中的病儿喂药的那一幕。我的心曾经很柔弱，满怀伤痛，期冀躲在一个温暖而宽广的胸怀中避风遮雨。现在这样的避风港不仅让我寻到了，而且引航的导师还用佛法再次鼓荡起我的生命之帆，让我自己去迎风破浪。

就这么走进佛法的天地中，就这么开始了与一些善良的学佛人的交往，这种经历让我不由得再三感叹命运对我的厚爱。曾经想过像自己这般脆弱而满怀心事的女孩，应该不会如鲜花一般绽放在生命的田野里。但碰到了佛法，也就像碰到了阳光，再纤弱的太阳花也会迎风盛开。每当想起以前自己封闭在自己的小天地中，那种不得伸展、不得抒怀的小女子气，就深深感到佛法再塑人灵魂的力量。我越发觉得，一个爱思考的灵魂，如果没有一种与天地同怀的胸襟，那最终的结局就是只能走进日常琐屑的杂务胡同中去。

渐明佛理，便渐明自心。谈不上什么修持，但我已学会逐渐将佛陀之光与自己的性灵相应——那就是努力发掘自己的本性，使自己的心间与那洁净的香格里拉打成一片。

如歌的往事，仿似昨天。人世无常，当以自策。而弥陀的智慧之光则无处不在，时时照射着众生的心灵。我想只要我们有了信、愿、行，那如意宝珠便可常在心间。而心间有佛光普照，心灵便会有依托，众生便都可找到自性的家园。

许多人都持有“人死如灯灭”的观点，他们认为生命来也突然，去也突然，或者来也自然，去也自然。但不管突然也罢，自然也罢，都是一种生命的断灭观点。这种看法的由来当然与我们平常所接受的教育及生活环境有关。而在藏地，或者信奉上座部南传佛教的斯里兰卡、泰国等地，人们却大都对生命的迁流不息持有坚定的信解。

不管有关生命的见解有多大的不同，只要站在一个科学而客观的立场上去深入研究，这种研究便会促进人类对生命本质的把握。特别是处在现在这样一个东西方文明互相碰撞、互相融合的大环境中，我们更应以开放的心态去迎接八方来风。

在这种情况下，佛教界与知识分子的交流机会也日益增多起来。我们希望能广泛地交换各自的观点，我们不怕不同意见之间的争执与辩论，我们只怕人们在没有充分研究他们不熟悉、不了解的理论及实践体系时就妄下评判。我相信，只要你认真地翻看一本佛教经典，那里面阐述的空性与前后世的论点就一定会吸引你一直往下看。

因此，不论你以何种因缘进入佛门，我相信只要你迈进一只脚，那最终的结果只会像然然一样，会一直沿着佛道走下去，直至到达心中的目的地——香格里拉。

有没有兴趣试试看?

第二章　把人生的苦难转化为向上的力量

我们生命中的苦难，不一定都是不好。若能把它视为磨炼自己的机会，你的人生就会越走越顺。

反省困境的根源，获得心灵的慰藉

这个时代是科学的时代。在社会群体中，知识分子占有很重要的地位，他们可说是社会文明与进步的体现者。我自己尽管是一个凡人，并非什么高级知识分子，却有一个相似的发心，就是希望能将甚深微妙的佛法传播出去，传播给现代人及后来人，尤其是传播给知识分子们，并希望他们也能来研究研究佛法。这是我编撰此书的初衷。此书中的每一个故事，都是每个学佛者自己的人生经历、人生感悟的真实表露。

作为一个藏族人，我此生有缘接触了很多汉族知识分子。每当和他们交流畅谈时，我都会被他们不同的心路历程所打动，并进而受到启发。我常想，如果其他的人也都能了解到这些有知识的佛门弟子的内心世界，那将是多么有意义的一件事啊！对那些在茫茫苦海中挣扎的人而言，每个知识分子的学佛历程也不失为他们的一个人生坐标吧！

今天我见到了萧女士，虽说她已上了年纪，但朴素得体的衣着、不凡的谈吐，还是能使人感觉到她身上那种高雅的气质。我并没有特意问她学佛的经历，但她却很有兴致地向我讲起了她的世间生活和学佛历程。

我叫如志，1958 年于成都科技大学化工机器及设备专业本科毕业，1963 年被任命为石油化工设备主任设计师，曾参加过一些国家大型化工设备的定型设计及试验工作。1987 年任甘肃建工局七公司设备技术方面的工程师。1990 年因工伤而提前退休，后返回上海居住。

现在的我已是夕阳西下的光景，人生的道路也将走到尽头，回首往事，不免感慨万千。几十年里，风风雨雨、忙忙碌碌，虽也做了一些有利国家建设的事，但自心总的感受是愧对人生。

说到我的经历，其实也无特别之处，就像千千万万个中国老知识分子一样，一生过得辛劳而又平凡。到如今，我总算熬出了头：家庭的负担、子女的拖累、工作的繁忙，这些都离我远去了。在这世上，世间的义务对我来说，应该算是了却了吧。人到了这个时候，也许会觉得孤单与凄凉，但就我而言却并不如是，我觉得自己好像又焕发了第二次生命，我对生活和修行充满了希望。这是什么原因造成的呢？——佛法的力量！每当想起自己为别人操劳了一辈子，却从没有为自己究竟解脱的来生后世积聚资粮时，我就有一种紧迫感，就想抓紧所剩不多的时光，依靠佛法的力量，为自己的生命再塑新篇章。我非常愿意将我的情况说出来，希望对同龄的人们有所启发。

也许是我往昔所造恶业的缘故吧，当我还是个婴孩时，生母就惨离人间。在无情后母的怀抱中，孤苦伶仃的我在血泪中总算一步挨一步地长大了。六七岁时，慈祥的外祖母才把我这个病弱之身接到她家，送我上学，从此，我似乎脱离了苦海。但当我初中就要毕业之时，这世上我唯一的亲人——外祖母却突然病故了。这个打击使我再也无勇气滞留家乡，于是在难忍的悲痛中，我蹬上草鞋，背上被子及书，步行五天，到重庆市女子技术学校投奔我的一位同学。在她的关心和赞助下，我考上了重庆兼善中学的高中部。1954 年时，我终于考上了成都科技大学。大学在当时的我的心目中完全就是人间天堂，这里生活条件相当好，一切费用全部由国家包干。在有如童话般的幸福生活中，我渐渐长大成人。与此同时，我的思想也变得复杂了，我开始从单纯的书本中抬眼看自己、看社会、看人生。就像现在的年轻大学生一样，我那时也开始不由自主地寻求起“人间之爱”来了。

大学毕业后不久，同一般人的人生轨迹一样，我也组建了家庭。随后而来的生活方式也就可想而知了，自然是上班工作，下班围着丈夫孩子转。我本想，家是一个人幸福的港湾。但当我走进去时，才发现根本不是这样。也许女人注定要付出很多，也许是我不善调理吧，在婚后的生活里，繁重的工作、烦琐的家务，使我整个人每天都处于高度紧张、繁忙的状态中。“我们在花丛中握手相见”的场面，在我一生中从未出现过。更为糟糕的是，自己的健康状况一日不如一日，先是患肝炎、恶性贫血，继之是冠心病、高血压等，可以说是终年病不离身、药不离口。沉重的工作和家庭负担使我喘不过气来。我实在没想到一个大学毕业生的生活也会如此苦不堪言！当时的我总想尽快摆脱这样的生活，可是，没有智慧与勇气，有哪个凡夫俗子能跳得出业力的樊笼呢？日复一日，年复一年，我在迷茫无奈中寻觅解脱之法。一有空闲，我就拼命读书、翻阅报纸杂志，希望能从中寻找出一条解脱之道。但效果正好相反——书看得越多，身上的绞索似乎缠得越紧，心灵的痛苦也越沉重。

听如志说到这里，我不禁心有所感：每个人在社会上的生活都是不容易的，都会面临外在与内在的各种困扰。但有谁反省过造成这种困境的根源所在呢？恐怕大多数人都只能在麻木与迟钝中消耗自己的生命。即使有人想跳出来，获得一种自由，就像如志那样，但若不依靠佛法的般若智慧，仅依世间百艺、一般书籍就想获得心灵的慰藉，那几乎是不可能的。不过又有多少人能明白这个道理呢？因而如志后来的命运便引起了我格外的关注。

那时，苦恼的生活已使我感到厌倦，我真是觉得人活在世上太苦了，太没意思了。但即便如此，我对家庭还是怀着一丝眷恋之情，还放不下对儿女情长的依赖，也许这正是无数个女人上演悲剧的根由。不过谁又能超脱呢？人总是不撞南墙不回头的。直到有一天，共同生活了几十年的丈夫的薄情才使我倏然从迷梦中惊醒过来。这感情原来竟是那么脆弱，我在艰难中苦苦挣扎的几十年到底是为谁呢？原来人生竟是一场自己不肯醒悟的噩梦呀！我到底得到了什么？什么也没有！没有“自由”，更没有找到“解脱”之路，到头来一切都是空的。想到此，我便什么也不想要了。在无可奈何中，我毅然提前退休，携孙子到定居在美国的儿子那里居住。后来当我再回到上海时，在律师的协调下，1997 年，我们终于终结了这桩因误会而结合、因了解而分手的名存实亡的婚姻。

离婚后，女儿邀我同去美国过圣诞节，同时探望几年不见的儿子一家三口。此次的美国之行是我人生的根本转折点。在美国，我与一位博士谈到了佛学方面的问题。这位博士是我一位好朋友的儿子，同时也是一位我看着成长起来的科学家。他在北大读研究生时就已皈依了三宝。在对佛法的研究方面，他非常认真，凡是一些重要的观点、立论，他都要拿来与哲学进行对比研究。通过长期如此的精研，他最后得出的结论是：佛法是极为深邃的一种智慧。与他的恳谈让我不得不赞同他对佛法的阐释，同时他对释迦牟尼佛的那种毫无掩饰的恭敬与虔诚，又令我十分钦佩。于是我坦诚地告诉他：世事的无常、不可靠，我已深有体会。我也早就想皈依三宝、学习佛法了，只是苦于不知投师何门，不知什么样的法师才是堪为依止的具德善知识。在交谈中，他给我介绍了上海的一位密宗师父——元音老人。当我一听到元音老人的名号及功德时，内心顿生一阵阵的激动，恨不得一下子就能飞到师父跟前去聆听法音。虽然美国优越的生活条件及子女们的孝顺令我感到十分舒畅，但对佛法的渴望使我不能再待下去了。

我终于满怀信心地回到上海参拜了元音老人。当踏入精舍，一眼见到上师时，我真是激动万分，就像是流浪多年的游子终于回到了家。师父无比慈悲地向我开示并传法灌顶，还关切地嘱咐我好好修行。从那以后，在师父的护念下，我开始走上了修学佛法的大道。依师学法期间，我读了《命自我立》《玉琳国师》《李叔同》等一些传记性作品。《命自我立》使我明白了一个道理：一个人要改变人生是完全可以的，只要遵循“诸恶莫作、众善奉行”的原则，就能从苦难走向安乐，从烦恼走向解脱。而玉琳国师冰清玉洁的崇高品质、弘一大师清净的戒行则令我感动不已，想不到世间还有如此高尚、伟大的人物。再观自己，不禁深感惭愧与懊恼。大半生中，自己都是在懵懵懂懂中过活的，怎么就不醒悟呢？怎么就没想到出离呢？怎么就没想到追随先贤大德们的足迹去希求佛法呢？如今两鬓斑白，可依靠的什么也没有，唯剩下一身业障。这是定数的使然，还是业力的羁绊呢？但不管怎样，过去的都过去了，在未来的生活中，我一定要把握好，一定要在佛法的修习上勇猛精进。

1999年师父在开示时说：我们住在上海，生活条件很好，大家要懂得珍惜，要精勤闻思修。四川藏区有个佛学院，那里生活苦得很，但大乘正法在那儿却极为殊胜，学员闻思修都很精进……

2000年正月初一，师父究竟佛事后示现圆寂，从法座上站起来就自在地走了。师父的离开，使我顿如举目无亲的孤儿，失去了依靠；如大海中的孤舟，不知去向何方。在想到了佛陀的教诲“以戒为师”后，我便到寺院求受了五戒、菩萨戒。同时又积极参加寺院的各种法会，精进修学佛法，以期报答师父谆谆教诲之恩。

一次殊胜的机缘，使我了解到师父曾提到过的那个大佛学院，一种对佛学院的景仰之情油然而生。于是不顾年迈体弱，我和另外两位道友决定当即动身前往佛学院。2000 年六月初一，我们终于顺利地到达了学院。

在学院里，慈悲的上师为我们传授了殊胜的显密法要，那甚深微妙的甘露法雨令我振奋不已。回想自己很久以来，由于自迷真性，枉造无边罪业，以致备尝无边痛苦。今有幸值遇大恩上师授智慧水，启开我迷蒙的心性，从此将不再沉沦于生死海中，我是何其幸哉！

我从心灵深处恭敬感激上师，我将在上师三宝的教导下，依教依法精进修持，走向理想的明天。

如志的故事讲完了，看看表，二十多分钟已过去了。由于要赶时间上课，只好暂时把她的故事储存在智慧的电脑上吧。待到空闲时，再按下 Power 键，从这智慧的电脑中把她的经历再输送到生命的白纸上，以供更多的人借鉴。

一位老知识分子的大半生就这样过去了。如志的生活经历应该很有代表性吧，和千千万万个她那个时代的知识分子一样，为了孩子、家庭、工作、事业，默默地奉献了一生。在物质条件上，他们肯定达不到现在的富裕。但在精神追求上，他们却能令许多现代的年轻人感到汗颜。追求现代潮流的年轻一代，也许不屑于老一辈的生活方式。他们往往会把金钱和享乐作为自己的生活目标，有条件的天天在纸醉金迷中消磨时光，无条件的则生活在梦幻与欲望当中。有些所谓的知识分子亦不再希求知识，而是整日随波逐流、颠倒行事，与愚人同流合污，已没有一点知识分子的味道了。

在当今整个社会大环境中，人性的颓堕越来越严重，真可谓一代不如一代。这样发展下去，我们的下一代又将会变成什么样子呢？我只能满含忧悲地说，这唯有让下一代的读者自己去观察了。

如志到暮年才醒悟过来并皈信佛法，这应该是她个人的迟到的觉醒，应该替她感到庆幸。因为这世上有很多人是死到临头都还大梦未觉呢！

愿有心人深思之……

充实人生的力量

今天是青年节，是属于年轻人自己的一个节日，也是春天开始降临喇荣的时刻。经历了漫长而灰色的严冬，这辽阔无边的雪域大地终于换上了鹅黄嫩绿的春衣。久违了的小鸟也纷纷从冬天筑就的厚厚的草窠当中探出头来，引颈婉转一下憋了一冬的嗓子，于是我也能在它们清脆的啼鸣里尽情吮吸春天的气息。

毕竟是春天！这几天来喇荣的年轻人一拨又一拨。他们利用七天的假期到学院，要么朝山，要么拜佛、绕坛城，当然更多的是来参学佛法。于是，满山遍野的嫩绿草丛中，便时不时冒出他们青春活泼的亮丽笑脸。

春天是真的来到人间了。当活泼可爱、一脸朝气的石伟来到我眼前，跟我讲述她在大学毕业前夕，终于了却心愿来到学院的前后经过时，这种感觉在我心中便越发强烈起来。

我出生在辽宁的一个偏远农村，父亲是位教师，母亲是个农民。全家生活拮据，几经周折，家境才慢慢好转起来。因为我是家里最小的孩子，而且体弱多病，所以父母和两个姐姐都非常疼爱我。小时候也没有吃过什么苦，还养成了懦弱而又任性的性格。

1997 年，我考入了位于四川成都的西南交通大学。大学的生活是充实而自由的，除了学习专业知识外，我们有更多的时间可以用来接触社会、认识社会。在与其他同学的交往中，我逐渐意识到了自己有很多弱点，比如懦弱、自私、狭隘、自我封闭等。为此我积极参与各种社会活动，试图融入周围的群体，不断改进自己的缺点。在这一过程中，自己也确实取得了一些小小的进步，但在更进一步面对这个社会时，我却越来越感觉到这是一个非常庞大、复杂且不可思议的群体。形形色色的人在这个圈子里干着追名逐利、尔虞我诈甚至不择手段的种种事情，但每个人脸上却俨然贴着一幅“我是好人”的标签。为此，我常常感到茫然和失落，感到自己的命运像风中的一片落叶，被社会这股飓风吹得无所适从。

2000 年，通过朋友我认识了一对年轻恋人，想不到这两位从此便成了值得我终生尊敬的朋友。男的高高大大、宽厚仁慈，女的则是比我早几届的师姐，而且又是同乡。刚一开始接触，我就觉得他们外表平凡，实则与众不同。他们身上没有现代人常有的那种浮躁感与功利欲，总是带给人一种平静、从容、自然、祥和的感觉。从一开始交往，我就喜欢上他们了。这或许是缘分，让我在异地他乡认识了与我的人生经历迥异的他们，从而使这段经历让我一生获益匪浅。

这对年轻人在成都一边求学一边学佛。他们家里有一个佛堂，里面有很多佛像和佛经。有时候，他们就给我讲一些佛教里的典故，因为好奇，我也就当成故事来听；有时，他们又讲几位高僧大德的事迹，而这又往往让我感到神奇和向往；有时，他们还带我去成都的寺院，与我在寺院里漫步，体会尘世被挡在外面的感觉。而在寺院里，我也真的感受到了从未有过的恬静和祥和。我隐约觉得似乎有另外一种截然不同的生活方式更值得我去追求，那是一种晨钟暮鼓、与世无争的生活，是我的这对朋友朝夕提撕的生活。赶上没课的时候，我就又跟着他们去放生，在这个过程中我认识了很多居士，有白发老人，也有年轻人，偶尔还能看到藏地的喇嘛。放生的时候，要给鱼儿念经加持，然后用船把它们运到湖中间，再一筐筐把它们放归湖里。看着它们重又获得自由，我也如释重负。我想，其实动物和人一样，都有生存和享受自由的权利，不能因为人类貌似强大，就可以为所欲为，更不能为了自己的私欲就随意剥夺动物们的生命。通过放生，我更加认识到佛教才是真正博爱的、大公无私的。就这样，在不知不觉中我对佛法产生了浓厚的兴趣，并从佛学书籍中学到了很多道理。佛教对世界、对人生都有深刻而积极的认识，它倡导正直、善良、真诚、无私等人性中最美好的东西，而竭力强调人们一定要摒除自私、狭隘、虚伪等丑恶的一面。它教人们放下执著，以一种宽广的胸怀来面对人生……

学习佛法后，我觉得自己少了许多浮躁和烦恼，多了几分自信和从容，心胸也比以往更大度了。碰到挫折和不如意时也能坦然面对，不再像从前那样动辄就怨天尤人。同时，与其他同学的相处也变得更融洽了。当烦恼生起的时候，捧起一本佛经，便觉得仿佛一股甘泉流入心间，内心马上就回复平静。面对这个曾经以为很难适应、遍地丑陋的千变万化的世界，我现在可以镇定地对自己说：没关系，我能行！

后来利用大四寒假回家之机，我又为父母带回了很多佛教方面的书，真希望佛法的智慧也能给他们的生活带来启迪。因为回顾自己这四年来的大学生活，感觉收获最大的就是学到了佛法，这无疑为我今后的人生指明了方向。这种充实的喜悦，我多么希望能与人共享。

2001 年五一劳动节的时候，我终于来到了向往已久的色达喇荣佛学院。这是一个神奇而美丽的地方：这里有高远的蓝天和苍茫的大地；这里有无数的出家人和居士在修行；这里的条件尽管比汉地艰苦得多，但是每张面孔上都洋溢着安详和幸福。我们住在女众出家人的小木屋里，大家同吃同住，相处融洽。在交谈中我才了解到她们并非是因为遭受打击、逃避现实才出家的。恰恰相反，她们大都怀着对究竟的美好生活的向往，才选择了这样的生活方式，她们乐观而豁达的胸襟让我敬佩不已。这一次我也圆了自己长久以来的一个愿望——皈依佛门，并认一位非常慈悲的活佛为我的上师。

我的学佛之路还很短暂，一切都还在顺其自然地进行当中。我衷心希望能有更多的人来了解佛法、学习佛法。我相信，这样的人生才会更充实，我们这个社会也才会更美丽。

从“五一”到“五四”，全国各地的青年朋友们都在以各种方式欢度假日，而对我来说，我的脑子里似乎从未有过假日这个概念。幸运的是，我能用智慧甘露来充实自己，过去如此，现在、未来依然如此。所以我很高兴地写下石伟的学佛经历，因为我想把它作为一个节日礼物献给千千万万的年轻人，希望他们看到这篇文章后，于身心都能有所收益。

痛苦能压垮人，也能使人坚强

每个人探寻人生究竟意义的途径都有所不同：有些是遭遇太多违缘而入佛门，以期找到摆脱痛苦的方法；有些是因为看透了这个世界虚幻的表象而选择了正道；还有的通过思维甚深道理而对般若正见确立起信心……不过，无论人们选择的道路有多么不同，只要诚心学佛，他们最终都能摆脱烦恼抵达幸福的彼岸。

记得鲁迅先生说过："不在沉默中爆发，就在沉默中灭亡。"愿觉显然属于前者，他"爆发"的方式便是选择了佛法作为导火索。不过他刚来学院时，可能是因为被痛苦折磨得太久、太厉害的缘故吧，求解脱心切的他，在对佛法还不甚了解的情况下，就手捧一把宝剑来到我面前，要向我求一种六个月就能斩断烦恼丝、直趋圆满境地的大法……

痛苦能压垮人，也能逼人走向坚强。自那以后，我对愿觉也就多了一分关注。

了解多了，知道他曾在中央美院上过学，酷爱绘画。那么下面他的这幅“自画像”，不知能否清晰地为朋友们勾勒出他本人的轮廓。

在近四十年的人生岁月里，我曾从事过室内外装潢、CIS、灯光效果等等实用美术的设计与创作，同时对纯艺术也有着强烈的兴趣。在进行美术创作之余，对这个光怪陆离的世界，我总是有许多不解的困惑。

每当放下画笔，开始思维当今世界的风云变幻时，那份感觉总是苦涩而失落的。五颜六色的油彩建构起关于世界的纷繁缤纷的表象，但油彩背后的事实，总让人感觉其实所有的颜色都只有一个特征，那就是苍白！但这种苍白却变幻出那么多空洞又足以迷惑人的色彩。这时候我开始理解古人所谓“五色使人目盲”的深义了。

我十分赞叹法兰西杰出的雕塑艺术大师奥古斯特·罗丹（1840~1917）不朽的雕塑作品《思想者》。那个有着深邃目光的人，似乎正想穿透时光的迷雾，去把握自己的生存困境。“思想者”的目光并没有仰望星空，但几乎所有见过这座雕像的人，都能马上体悟到他的“思想”其实是上穷碧落下黄泉的。“心事浩茫连广宇，于无声处听惊雷！”就是这位雕刻出人类思索的广袤与迷离的伟人，曾经非常豪迈地宣称：“我们的社会将要多么快地把过去存在的错误与丑恶除掉，而且我们的世界将会何等迅速地成为乐园！”

每当想起罗丹的这句话，我的心总会立即沉入悲哀的深渊。一百年过去了，罗丹的梦想一次次被证明为无异于痴人说梦。

不只是一个罗丹，正像莎士比亚所言：这个世界充满喧哗与骚动，其实都只是痴人在说梦。还是这位罗丹，他还有一件伟大的作品《地狱之门》。我觉得这件作品倒有些符合预言的特性，只不过现今地球上的“地狱”景观，远比罗丹的作品惨烈百倍！单以波黑为例，交战双方，特别是美国，在那个地区投下的贫铀弹就相当于当年在日本广岛所投下的原子弹当量的十倍！

先哲曾警告过后人：以巧智对付巧智是非常危险和愚蠢的行为。而纵观当今全球，恐怕说“以巧智对付巧智”都太过美誉了。现今的世界格局，正逼迫人与人、国家与国家之间都在走“以强力制服强力，以霸权对抗霸权”的路子。

想起美国电影大师库布里克的对人类未来的预警之作《奇爱博士》。那里面的核武器狂人稍一发神经，整个地球就可以被毁灭无数次。三四十年过去了，这部电影真的成为了一则预言。高度发达的科技，没能把“错误与丑恶”除掉，相反，某些电脑黑客人为设计的故障，可以使美国总统随时打开控制导弹发射系统的黑匣子。我们的生命就悬于那一丝之上！

罗丹啊罗丹，假若你活到现在，还会雕塑“思想者”吗？恐怕一尊名为“绝望者”的雕塑将会出自你的手下。

那么放下画笔，不去审视周遭的世界，反观一下自己的生活又如何呢？

那就只能用“一团糟”三个字概括了。

学佛前，我是一个兴趣广泛的人，诸如围棋、跳舞、唱歌、各种纸牌、电子游戏甚至搏击术，全都在我的爱好之列，因而各路朋友也参差不齐。就拿跳舞来说吧，我不敢说自己是舞帝，但在我们那一干人马里，至少也称得上是王子了。我对玩太在行了，学佛后才知道这是由于自己慧浅障重，习气业力所致。

再看看我的家庭。父母一方面对我很溺爱，一方面又专横不讲道理，很多时候让我难以适从。妻子，说到她，我只能长叹一声，她真称得上是刁蛮无理了。她自认为自己很漂亮，经常出入舞厅、牌场。当她沉迷于牌局中时，便会与人打得天昏地暗、面无人色，甚至彻夜不归。

罢！罢！罢！谈这些只会越发让我感觉无聊、压抑。

也就是在这种内忧外患之中，在外面的世界看到太多的丑恶与无奈，在笔下的油彩中怎么也找不到“悠然见南山”般的和谐，在家庭生活中又越来越厌倦自己及家人的庸庸碌碌之后，真的是在一种走投无路的极度空虚苦闷中，我才开始在佛法中探寻一种别样人生的。

记得在接触佛教以前的最憋闷的日子里，自己的内心深处常常会涌起一股莫名的悲哀。这种悲哀在我离家奔赴色达喇荣佛学院的车上时达到了最高潮，仿佛从内心深处奔涌而出，似乎要把我以及整个世界吞没……

好在最后终于来到了色达喇荣！

应该说愿觉已踏上菩提正道了，现在的他比起两年前已成熟了许多。未来的路还很长，而选择在他本人，成就与否也在他本人。以他目前的精进来看，我相信他前面的路途一定会充满光明。

苦难让人清醒

我始终对那些能到寂静神山，并在山洞、茅棚里安住静修的修行人非常羡慕。什么时候我也能摆脱俗务缠身，去过那种清净而没有烦恼的生活呀！在山清水秀的地方，涤荡尽所有的俗情琐事，专一修持，这应该是每一个真正的修道人都该过上的一种正常、正当的生活。每次来到人山人海的环境中，我就不由自主地要为生活在这里的人们担心、难过。我眼见许多年轻人，整天把大好时光都浪费在茶馆里，就好像这世上已没有任何值得他们去干的事一样。刚刚才走上社会就已老气横秋，终日以喝茶、聊天来打发生命，这样的生存该是多么让人痛心与无奈啊！

当我把目光再回转到学佛者的身上时，也常常是又喜又忧。喜的是他们总算给人生确立了一个最崇高、最伟大的目标。但与此同时，很多学佛者的见解又非完全是正见。在这种不正见解的误导下，他们往往一遇挫折就开始怨天尤人，甚至怨佛怨菩萨。这就是我最担忧的一点。

我要告诉这些人：佛陀的慈悲护念是不可思议的，我们学佛过程中碰到的违缘，可能恰恰是在佛法的妙力催化下，让前世的业障以最轻微的方式显现而已。我们绝对不能在此时退失信心，反而应该为即将报尽前世之恶因而感到高兴。与烦恼、痛苦、疾病、灾难等一切业力进行斗争时，都应该抱有这么一种态度：以坚定的心紧紧依靠佛法；以感恩的心对待前世的冤家；以平淡的心空掉所有障难。

来自浙江金华的叶景蕴老师就以这么一颗坚定而豁达的心，在几十年的风雨人生中坚持走到了现在。以佛法为支撑的她，从未退失过对因果正见的信心，这一点让我很是敬佩。

如果你现在也正遭受所谓命运折磨的话，请对照一下叶景蕴老师，然后再扪心自问一下，你对上师三宝的信心会不会因困难而动摇。

1935年，我出生在旧时代的一个知识分子家庭里。父亲是留学日本的电机工程师，在武汉工作。母亲精通四书五经，并擅长书法。那时我们全家在武汉的生活过得相当美满，因父亲收入不菲，有了可靠而稳定的收入，母亲就专一在家带我们几个孩子。

不过世事无常，1937年日本帝国主义发动的侵华战争，彻底打破了我们一家阖家团圆的美梦。那年冬天正值祖母欲过七十大寿，母亲就带我们到上海做祝寿的准备。没想到这次离开武汉温暖的家竟成为永远的诀别——我们在上海待了一段时间后，正值“八一三”战争爆发，战乱阻隔，音讯全无，我们就滞留在了上海。后来上海沦陷，我们就更回不了武汉了。而父亲则随厂迁到重庆，武汉的家就这样彻底荒废了。父亲在重庆日日为祖母和我们在沦陷区的安全担忧，后来通过他的朋友我们才得知，他那时几乎夜夜失眠，担心我们的遭遇，担心我们的生活，以致最终抑郁成疾，不治而死。想不到重庆竟成了父亲最终客死异乡之地，尸骨都无法运回家乡。

父亲死后，在颠沛流离中渐渐长大的我，慢慢体会到了母亲的坚强与伟大。记得很久以前曾听母亲讲过，她是在保姆的启蒙下开始信佛的，因而从小就乐观豁达。母亲独自一人支撑起我们在上海一家老少的全部生活，她凭着她的学问和书法技艺到处当家庭教师、做秘书、为别人写对联扇面……全靠她一人的劳苦奔波，我们终于得以熬过艰苦的战争岁月。抗日战争胜利后，经她的学生举荐，她在津浦铁路局找到了一份工作，1947年又到上海工务局工作，1959年退休，1990年去世。

纵观母亲一生，她留给我最大的财富便是教会了我念佛。由于从小就生长在艰苦卓绝的战争环境里，加之身体本来就不好，母亲便带着我一起念阿弥陀佛，念观世音菩萨，以求仗佛菩萨之神力帮我渡过困厄。从我们这个大家庭来说，接受佛菩萨的存在也是一件很自然的事。因祖父虔诚信佛，他不但世间学问好，更热衷于钻研佛理，且一生茹素，还经常到上海功德林素食处参加研讨。在他的影响下，伯父、姑妈也全都信佛，现在又加上母亲的耳濡目染，所以学佛当然也就成为了我的“遗传种姓”。

解放初期，我高中毕业后就考入了华东师范大学数学系，1957 年毕业后被分配到浙江金华教书。我一直勤勤恳恳教书育人，在工作中我也总能以宽厚之心待人，不计较个人恩怨。在尽全力与所能把学生教好的过程中，我一直用佛教的“上报四重恩”的感恩原则对待我的工作，因而我也很少因工作产生过烦恼，我总觉得这是我为众生该尽的义务。如果做不好的话，那就太负佛恩浩荡与众生的养育之恩了，也对不起死在战乱中的父亲与含辛茹苦养育我成人的母亲。

不过可能是由于前世孽缘吧，尽管我一生行持佛法，但坎坷、痛苦、磨难总是伴随着我的一生。如果是一个不信佛的人，那他可能会把这些都归之于“天命”；即或是一个信佛的人，如果他道心不坚、见解不正的话，可能在面对我所遭遇过的这些挫折时，也会对佛法生起邪见，认为佛法没有给他带来任何利益。对此，我倒是常常想起《金刚经》里的一句话：“是人先世罪业应堕恶道，以今世人轻贱故，先世罪业则为消灭，当得阿耨多罗三藐三菩提。”我平静地接受一切在外人看来所谓命运对我的“不公”，因为我知道这一切都是铁定的因果律在我身上不移的作用，我只有承担下来，并不断用佛陀的教言去力争早日跨越它们。我相信，最终我们一定会经由苦难之舟而得阿耨多罗三藐三菩提之果。

1960 年，我们夫妇生下一个女儿，但她带有先天残疾，身体很弱，三天两头得病，动不动就要往医院跑。她自己受尽了针药之苦，我们夫妇也终日不得闲。那时每每把她从医院接回来后，夜深人静之时，我们四目相对，唯有辛酸弥漫整个空间。若不是佛法给我的一点精神支柱，恐怕我早就在别人的歧视目光中、接二连三的打击下彻底崩溃了。女儿的性格非常温顺，讨人喜欢。她自己也很懂事，尽量不拖累他人。尽管动过三次大手术，不过凭着她的顽强努力，在读完高中后，她还是取得了浙江电大英语专业的毕业证书。可惜的是，在她拿到证书刚刚工作一年之后，1982年的元宵之际，以二十二岁的如花年龄，她竟先于我们撒手归西了。

那时我已年届五十，老来丧女应该是人生最大的悲痛与无奈吧。不过受佛法熏陶的我，在几十年的人生阅历中已渐渐看穿了一些世事表象：武汉的家被毁，可说是人生无常、缘起缘灭、性空无自性的一个尽管让人难过但又无可回避的例证；女儿的离世，恰恰说明人身的不可靠与脆弱——一口气上不来就成了尸体。她这辈子生活了二十几年，没有一天是快乐、自在的，每天都要与痛苦做斗争，经历的磨难是常人无法想象的。这只能归之于她自己，还有我们过去世种下的恶因，否则就不会感召这样的恶果。对她来说，受尽了苦难后丢掉这身臭皮囊，也应该算是一种解脱吧。愿她能在我们日日念诵的阿弥陀佛圣号声中找到自己最好的归宿。

随后的岁月中，我决心更要努力学佛。以前也念佛，但基本上停留在“只知其然，不知其所以然”的层次上。退休后，我决心要深入经藏了，因为我越来越感到自己佛学知识的贫乏。这种贫乏让我不但解决不了自己的疑惑，更不可能帮助到周围那些生活在困难、痛苦、麻木、造孽状态中的人。而且生命已度过大半，对我来说，现在的状态真是如少水鱼，再在世海里沉浮究有何乐呢？每天看着夕阳落在青山的那一面，我就在心里默默地对自己说：又是一天过去了啊！

学了几部大乘经论，看了一些大善知识的文章后，更加坚定了我发菩提心、修六度万行的决心。我觉得要做到“诸恶莫作，众善奉行”的地步，那就一定要勤修戒定慧、息灭贪嗔痴。否则，所有的为善之举都不可能长远、广大，针对一切众生。既然因果可以解释得了我们所遇到的一切境界，那就在日常的行持中去注意培养点滴的善因，努力戒掉一切的恶习吧。要不然，这贪嗔痴的恶因一旦种下，等将来它们以利滚利的方式成倍增长时，吞下这恶果的不会是别人，还得是你自己。我个人认为，去除我执的习气是修行过程中最难过的一关，但又是息灭贪嗔痴最重要的一环。当你真的看破一切、放下万缘时，还有什么可供你生贪、生嗔的对境呢？“你”都没有了，“你”的恶习又从何得生呢？

我的坎坷人生路让我比一些死死陷在“五欲”的泥淖里、被“五毒”熏心的人要清醒一点。“爱不重不生娑婆，欲不除不生极乐。”这“爱”“欲”二字正是我们痛苦的根源：我们因爱而生贪，因欲而生烦恼；因爱而有离愁别恨、生死情缘，因欲而有颠倒错乱、丧身失命。如果能以慈悲对待所有众生，则又哪来个人恩怨？如果能以智慧放任旷达于世事人情中，则又哪里会有烦恼、悲苦呢？

我不知道我前方的路还有多远，但我相信：有佛法在心，这解脱生死之事就一定能成办！

对叶景蕴老师而言，她的人生旅途充满了漂泊不定：从武汉到上海，又从上海到金华。年龄虽已过花甲，但从她在电话里的声音与语气听来，她应该是非常精神且充满活力的，言谈之中处处可让人感受到一种不屈的顽强气质与禀赋。其实她的经历还有许多感人之处，限于篇幅，只好忍痛割爱了。况且我今天也正巧要处理许多事情。等以后因缘会聚时，我一定再向大家广述她有意义的一生。

净化心灵的甘露

人与人之间、团体与团体之间、国家与国家之间的争论与冲突，其实均来源于内心的贪执。

早在六百多年前，大成就者、著名佛学家无垢光尊者就曾说过："人对任何一件东西，贪执越强，所导致的痛苦也就越大。"我对这句话曾思考过很长时间，并最终从中得到极大的利益和启发。

世间的种种争论与纠纷往往需要通过法律来协调，但我认为最究竟的法律正是佛法。以佛法的慈悲与宽容去息灭贪嗔痴，才是协调各种利益与关系的最好办法。我经常想，只有理解了佛法的人，才会最终理解并做到法国著名文学家雨果的一句话："世界上最宽阔的东西是海洋，比海洋更宽阔的是天空，比天空更宽阔的是人的胸怀。"

我曾结识过黑龙江大学法律系毕业的应建文先生，他曾在学院得过法，现就职于杭州一家律师事务所。就他的学佛经历及用法律来解决世间争执的问题，我与他曾做过一次交流。

与佛法结缘已有好长时间了。起初是不经意地跟着外婆到佛殿烧香磕头，那时只想到寺院图个热闹、好玩而已，并不知道佛法的道理，不知道学佛应该行善、不要造恶，等等。当时的那种“信仰”至多只是一种盲目的、随意性的好奇罢了。

稍大一点，便进学校读书，那时候，我常常在想，活着究竟是为什么？这个问题对一个十四五岁的孩子来说，是根本无法解决的。于是，我就开始博览群书，试图从古今中外那些成功与失败的人身上寻找答案。在对他们的经历与结局做了对比后，我发现，凡是有作为的人基本上都有几个共同的特点，那就是：信仰坚定，心理健康，与人为善，享受节制，生活有规律，遇事能顺其自然，而且他们都很少出现个人主观武断的情况。而不成功的人一般都比较自私，喜欢斤斤计较，懒惰、不思进取。他们即便是获得显赫的地位与财富，但在精神上依然因空虚而无所依靠，成为彻头彻尾的失败者。

我从中悟出了这样的道理：人的思想观念其实影响着人自身的生活与命运。正确的思想使人轻松如意、命运畅达；错误的思想则使人烦恼不断、前途多舛。

人是生活在社会中的，而生活中又充满各种各样的恩怨与偏见，故而内心当然也就会受外界的影响。况且这些恩怨与偏见也不是一朝一夕就可化解的，更何况我们凡夫还受内心的执著与欲望的控制，只要这种执著与欲望存在，我们的心就不可能获得平静，也就不可能没有烦恼。在这段时间里，我从哲学的角度看了一些佛教书籍，深有感触，开始觉得佛法讲得很有道理。

我一直在想，人怎样才能得到满足与愉悦呢？有人说“心想事成”。这个愿望当然不错，鲁迅也曾说过：“为仁得仁有何怨。”但人却总是贪得无厌，得到了一样东西，也许稍稍满足了一下，没维持多久，很快又想得到另外一样东西了。得到了，倒也不错，但关键是得不到时就会产生烦恼。反过来说，对世界上的许多东西，很多人都想占为己有，但这又不可能，于是就发生了违法乱纪、瞒心昧己的事情。看样子，如果让欲望无限膨胀，人恐怕是不能开心的。也有人说，依法治国，用法律来约束人的行为，使人们的一举一动都符合国家意志的要求。这种思想有实现的可能性，但也存在着种种弊端。法律只能约束人的行为，却不能控制人的内心，而人的行为却是由思想支配的。不从思想上下手，只控制行为，是不能从根本上杜绝违法犯罪行为的。况且，法律并不能包括现实的全部，当人们只遵循强制性的法律时，便往往会忽视内心对道德的渴求。所以，要从根本上解决思想困惑，仅凭法律是远远不够的。懂得以上的道理后，我的烦恼少了许多，生活也轻松了不少，工作也不觉得那么紧张了，人际关系也有所改善了。

一个偶然的机会，我来到了雪域圣地喇荣。当看到许许多多纯朴和善的僧人、居士，看到他们脸上洋溢着那种发自内心的喜悦和笑容时，我突然就有一种超离尘世的感觉，觉得自己好像来到了一个人间佛国。

我无法透视他们的内心世界，但有一点我却能深刻感觉到，佛教确实能给人带来无穷的精神力量，使人们勇敢而快乐地面对任何困难。

佛教倡导的众生平等、诸恶莫作的慈悲道德情怀，正是对治现代社会人心紊乱的一剂良药，对唯利是图、只知追求经济效益而严重破坏人心环境和自然环境的种种恶行，也有较好的劝诫作用。佛教又强调与人为善，重视培养贤善人格，注重因果，这些都对加强社会治安管理、减少刑事案件的发生、控制许多不稳定的社会因素有一定的辅助作用。当然，佛教的作用远不止这些，佛教的伟大还在于它能彻底解决人们的无明烦恼，帮助人们摆脱痛苦，从而获得永远的大乐。所以我从内心觉得，佛教才真正是净化人心的甘露。

应律师说的话很有道理，在整个社会中，大至社会团体小至家庭都经常处在争执之中。如果人们都能真正领悟佛法、调伏自心，把佛法作为社会乃至个人行为的准则，那么我相信这个社会就会安宁许多，人们的生活也会过得更安详、幸福、美满。

因此，无论今生、来世，要想过宁静、安详的生活，需不需要佛法来作最根本的保障，请有识者深思之。

心　声

川大的校园非常优雅，我很喜欢那些掩映在青翠树木中的古色古香的建筑物，也非常愿意观察那些来来回回穿梭于其中的学子与老师的神态。不可能有机缘与他们当中的每一位都倾心长谈，但从心里还是希望他们人人都能拥有一个高尚的灵魂、一种与人的本来状态相匹配的道德。

当来自川大中文系的博士生圆魏与我交谈时，我当然很珍视这次交流的机会，因我非常想知道这些高学历学子的佛教观、人生观。我很清楚，他们的精神状态，在很大程度上奠定了中国当代青年人的价值坐标基础。

当今社会的人们，在汹涌澎湃的经济浪潮面前，似乎个个都丧失了人之为人的尊严：他们的大腹可以便便，但精神却如此矮小；他们的欲望可以齐天，但道德境界却如针尖一般；他们的外表真可谓光鲜照人，但灵魂却丑陋得根本无法面对阳光……

在这样的环境氛围中，我深知，区区如我者，即使是振臂高呼，怕也绝难应者云集;哪怕真诚地呐喊,也难以撼醒昏睡中的人们。但我还是要说，尽管声音是那般微弱乏力，我也要说出我心中对佛教的理解，我还要表达出心中的默默祷告：愿慈悲的佛陀能开启天下烝民的智慧，愿清凉的佛法能滋润世人干涸热恼的心灵。以一个对社会负责之人的坦诚情怀，我真的希望我的心声能唤起人们些微的自性光明，从而对佛、法、僧能增上哪怕是瞬间的尊重与信解。

其实对我本人而言，在很长一段时间内，佛学在我眼中都是艰涩深奥、玄远缥缈、虚幻神秘的。一提起僧人，我眼前便立刻浮现出光头、穿袈裟、不食人间烟火的可敬却不可爱的形象。儿时的我对佛教更是一无所知，后来，在父母对观音菩萨的虔诚顶礼中，我才渐渐生出了一份对菩萨大慈大悲、无所不能这些品性的敬畏。青春年少时期，在各种知识体系、各种话语机制的交相夹攻下，我也有了一点点对于佛教的正确与邪见错杂的认知。本着“宁可信其有，不可信其无”的理念，我不敢对佛有一丁点儿的亵渎，因我害怕由于自己的不慎言行而突遭惩罚。至于说到真正开始决心剔除对佛教的盲信、迷从，用全部身心去体味、感受、拥抱，乃至最终与它融为一体的，还是在经历了妹妹出家所带来的震动之后。

记得 1997 年 8 月的一天，我那大学毕业、聪慧能干、漂亮可人的小妹，突然向家人提出了她要出家求道的要求。尽管我的父母一贯虔信三宝，但怎么虔信，也没信到可以支持女儿出家的地步。周围几乎所有的人都是一片反对之声，大家怎么也想不通一个在外企工作的高级白领会抛弃一切遁入空门。我更是对妹妹的决定莫名所以。如果说我对佛菩萨的膜拜大多来自对他们的敬畏的话，那对普通出家人的印象就绝谈不上敬畏佩服了。我一直认为僧侣们出家，恐怕大多是生活上的困难处境所造成的。在困顿与无奈煎熬之下，他们才会选择削去三千烦恼丝。妹妹怎么也会这样消极呢？而且更令人不可思议的是，任凭年岁已高的奶奶涕泣相劝、慈爱的妈妈泪流成河、身患绝症的父亲苦苦挽留、当姐姐的我好说歹说，小妹居然还是不为所动，铁了心要出家，一门心思要去寺庙精诚修道。这让我不得不对小妹的举动、对她所甘愿付出一切的信仰产生了强烈的探究欲望。

看惯了世事的纷扰，听够了欲海的喧嚣，冷不丁就碰着这么一个放得下所有尘间凡缘的小女子，而且她恰恰还是我的小妹。巨大的反差让我不得不对佛教刮目相看，我从此就想知道：除了磕头，佛教还有什么？除了劝人向善，佛教还能提供什么？没有金钱名利的诱惑，佛教凭什么“勾”走我的妹妹？几乎人人都说它消极，为什么妹妹却热火朝天地向它迈进？佛教到底在说什么？……

想不到妹妹的出家倒成了我深入佛教的缘起，带着一种非探出个名堂的决绝态度，也抱着一定要对小妹负责的心情（万一她误入歧途怎么办），我翻开了一本本佛书。记得当时看过的书有《释迦牟尼佛传》《西藏生死书》《隆莲法师传》《弘一大师讲演录》等等。一旦深入进去，才知道“震惊”二字的含义，原来世上居然还存在着这么一种离你很近的认知体系，依靠这种体系，总有一天你会掌握自身的全部秘密，揭开宇宙人生的面纱，一览它们的真实面目与终极真理。原本你就和山河大地、万事万物乃至十方诸佛融为一体。

我头一次知道了“佛者，觉也”；头一次知道了生命的本源与走向，而这是从小学到博士的近二十年求学史、探索史所未提供给我的关于人本质的答案。还知道了佛家弟子通过对佛法的理性掌握与实地修行，一定可以达到圆满的觉悟状态，使自己既“独善其身”，又能“兼济天下”。最直接的感受是，佛教让我站在了世间繁华表象之外，一下洞穿所有存在的无常本质。我似乎第一次清晰地意识到了“苦、空”的强大——那是可以让众生珍视无比的所有东西顷刻间就化为乌有的。那么什么才是我们应该抓住的东西？什么才是我们能够把握的东西？

只有学会解脱、学会活在当下，你才能牢牢体会到生命的根、生命的大自在、生命的永生、生命的千变万化。只有通过修学佛法的解脱之道，我们才可以回归那一切万象、一切生命形态、一切存在的出生之海——觉性的空性无生之海。到那时，你的生命才与诸佛无二无别，你的境界才与诸佛没有高下，你才能无为而无不为！

我真高兴！万万没想到，因为偶然地迈进佛门一只脚，我竟然学会了在佛法的指引下，坦然安详地面对无常的大千世界，视死如归地走向生命的终点。我还不可能一步到位，但我至少已明确了方向。这时我才多少理解了妹妹的出家选择。因而我才想对那些不理解甚至阻挠自己的亲朋好友甚或一般人出家的人说一声：如果我们自己根本把握不住生命的本来意义、生命的终极目的，那为何不能允许别人用别样的方式去走完他们自己选择的人生道路呢？难道要把所有的人都捆绑在一根绳子上，大家统统陷入生死之流中而不自知吗？学会宽容吧！学会理解吧！试着去与佛教做一次面对面的碰撞吧！

我从此便开始潜心研究起佛学来。而在这一过程中，让我对佛学从理性了解到深入修持，从亲近佛法到全面投入的一个转折契机，来自于与一位藏传佛教上师的邂逅。

那是新千年岁末的一天，一个阳光灿烂的冬日，我和妹妹应同学之约，一起拜访了那位上师。他的英俊伟岸、气宇轩昂很让我们惊奇，而当妹妹将她满腹的疑问与困惑如实呈现在他面前时，他循循善诱的引导与开示，让我们亲身体验到了一个佛法的代言人身上那挡不住的智慧与慈悲的魅力。我感觉他所宣讲的佛法真谛，就像一股澄澈晶莹的源头之水，洗濯着我蒙垢的心田。此行还有一个特别大的收获，那就是他向我们介绍了色达喇荣佛学院的一些情况，并点拨我妹妹师从那里的索达吉堪布。漂泊不定的妹妹顿生欢喜并欣然应允。

在随后的忐忑等待与积极准备中，我们拜读了那位堪布所著的《泰国游记》，还有《金刚经开示录》等，书中洋溢着对世、出世法的纵横潇洒的驾驭与洞达，让我们佩服得五体投地。在这些书中，飘逸而出的是对至真、至美、至善、至纯的大道的真诚信仰与理性剖析。言简意赅的真知灼见背后，是一种超越名利、超越才情、超越命运、超越时空的精神力量。

除了感受闻思佛法的妙处，我还严格按照《金刚萨埵修法如意宝珠》所讲解的修法，精进修行、用功持咒。这种看似并不深奥的修法，却让我获益良多，一点一滴体验到佛法的殊胜妙处。这更加让我同情可怜那些对佛法抱有各种偏见、成见的众生，不管他们如何功成名就、聪明伶俐，如果不亲近、不了解佛法僧的话，他们再怎么着也只是一群迷茫的生命过客。

佛法让每一个走入它的人，都学会关注存在的现状，关注人类心灵的苦难与疗救，关注生死究竟；佛法让我也让每一个按它的教法实际去做的人，学会从虚假的、失落的、烦恼不堪的生存实际状态，回归到觉悟的、自主的、真实的、安详的状态中来，去完成对自我生命的拯救与升华。佛陀告诉我们，社会中的非正义、苦难以及个人的痛苦与悲剧，全因我们人类丧失了智慧和慈悲。所谓智慧，首先就意味着究竟明了宇宙间万事万物都是因缘所生，没有所谓的独立实在的“自我”。只有明此，我们才可彻底摆脱对万物的执著，还有对自己的贪执；也才能平等地看待人和事，平等地对待荣辱得失。其次，还意味着要清楚宇宙间万事万物的同源种性、相互依存。也正是在这一点上，佛法的智慧与慈悲天然地联系了起来，使它的“无缘大慈”“同体大悲”超越了世界上任何一个宗教所标榜的慈悲范围与本质。只有具备了明了所有显现皆是佛性起用与妙力的智慧，我们才可对一切众生心怀慈悲，并对所有众生的痛苦感同身受，且能伸出救援之手。也就是说，佛法让众生的分别念越来越少，这样，对所谓的好坏、苦乐等的分别执著也就会相应变淡。没有了分别妄念，则又有什么好的对境可供你生贪？又有什么坏的对境要引你生嗔？日久成习，一体同怀的境界当然就可在你的心中扎下根。

这个世界越来越缺乏清净、平等、觉悟，因而人与人之间也越来越缺乏关爱、理解、互助。因为在一个被人们执实的社会里，哪怕是空气、阳光、水分，都会被一个个自认为天地之灵的充满对自我关注、执著的个体，当成私有财产而拼命争夺。在一个人人紧张地为自己攫取财富的环境中，在一个人人都认为反正生命仅此一回，那就放开胆子捞世界的氛围中，我们对自己的生命和大自然的奇迹麻木不仁，并渐渐丧失了对生命之美的发现、觉照与欣赏能力。与此同时，我们的冷酷与残忍却与日俱增，因为缺乏了佛法的悲智日光，我们的自私而短视的无明当然就会增长。于是，国家、民族、团体、个人之间的矛盾，以及人与自然之间的冲突便满目皆是，谎言、欺骗、巧取豪夺、尔虞我诈，甚至互相仇杀等消极、颓废、血腥的人生景观，便充斥在地球上的每一个角落。难怪弘一大师会说：“念佛不忘救国，救国必须念佛。”别以为外族入侵才会灭亡一个国家，如果人类的精神信仰与支柱轰然坍塌的话，那整个世界都将灭亡。

不是危言耸听，也不想装一回忧国忧民。从一个普通人尚未泯灭的人性角度，我要再一次发出一个原先不了解佛教，后又认真闻思佛法之人的心声：为了让我们能尽快从苍白、扭曲、暗昧的生命状态中走出，人人都试着去了解一下佛法的真义吧！

圆魏的研究领域是文艺美学，应该说她在本专业内还是有一定造诣的。当她把一生探求的目光再转向佛法时，我相信她得到的将不仅仅是对一种知识体系的把握。如果努力精进地在菩提正道上跋涉不已的话，她获得的将是对整个世界和生命的超越。

第三章　你幸福了吗

人人都在寻求幸福，但幸福究竟是什么？

它是一种得到满足的心态，有时候跟金钱有关，有时候跟金钱无关。即便跟金钱有关，心理学家研究发现：金钱在影响幸福的各种因素中，也只起到 20% 的作用。

所以，幸福的根本，并不在于你拥有了多少金钱，而在于你减轻了多少欲望。

如何获得纯粹的喜悦

自古以来，大海都呈现给人一种不可思议的景象。一个人的工作、事业或修行，如果能获得如大海一般的欢喜成就，那将是非常难得的。而一般说来，处于三界当中的众生，特别是人类，因无摆脱烦恼的智慧，也就失去了自在的欢乐。我即生当中对之最有信心的大成就者麦彭仁波切说过："内心散乱之人士，犹如为波浪冲卷，被烦恼苦所扰乱，何时难有自在乐。"平常我一听闻这个偈子，内心就很感动。

反观如今社会上的人们，大多被分别心污染，从而不得自在。尽管许多人生活富裕，但脸上却没有任何快乐的表情。恰恰相反，许多人反倒整日被一种恐怖、忧郁的光色所笼罩。这个时候我就在想，要是人们能从佛法的甘露中吸取哪怕一滴以滋润自己的心田，外相上都将现出喜乐之境。这种感受与变化很难用比喻表达，倒是我去年遇到的李君给我讲述的一番话，可以用作对这种现象的一个注脚。他从佛法当中就体会到一种如大海一般取之不竭的喜悦感与乐观向上的积极情怀。当时他的法喜充满的讲述神态，我到现在还记忆犹新。

我叫李君，1969 年生于成都。从小喜爱美术的我，长大后如愿以偿，终于在 1990 年考入山东曲阜师范大学美术教育专业，1994 年毕业后回四川石油管理局工作。这期间也算是“官运”“画运”亨通吧，“官”至中国石油美术家协会常务理事、中国石油文联理事，而油画作品《岁月》《白云，你早》也先后入展中国美术馆，其中《白云，你早》还入选文化部第八届“群星奖”。现在我的职业为室内设计师，专业从事室内装饰，已有数个成功设计案例。

这些世俗上的功成名就，也可算作“小小欢喜”吧。但真正给我心灵带来喜悦的，还是沉浸在佛法甘露中后，我所感受到的欢喜海洋。

说起自己与佛教的渊源，最恰当的词还是——缘分。我与我的皈依上师结缘以及皈依佛门的过程就很神奇，这事还得从 1993 年的大年初一说起。按习惯，我们全家人这天都要到成都文殊院点新年的第一炷香，以祈求来年平安幸福。这期间我偶遇了几位学佛的朋友，听他们说怀远有位高僧，年逾八十依然神采卓然。我本来对一些神奇的现象就有着与生俱来的好奇，一听这话顿时来了兴趣，特想见一见这位世外高人，于是大家就相约第二天到白岩寺一游。

一行八人赶了大半天的路程到达目的地时，天也已完全黑了下来。奇怪的是，脚刚一落地，就有几位居士前来迎接，说是师父吩咐在这里等人，已等了我们好久。居士还问我们是什么时候跟师父约好的，怎么这么有福气，正赶上师父要传法。这一番话把我们彻底搞糊涂了，我急忙跟他们讲，我们没跟师父有约啊！我们全是第一次上这儿来。听我们一讲，居士们也感到奇怪："那就怪了。师父本来大年三十晚上就要开始传'破瓦法'的，后又改到初二晚上，说是今天成都还要来人。我们等了一天就等到了你们这拨人，难道师父等的不是你们吗？"

等见到师父后，满怀的疑惑才消失得无影无踪。那么高龄的老人看上去只有六十来岁，而且整个人从上到下、从里到外都透着一股言说不尽的慈祥。他一见我们，就像爷爷招呼赶回家过年的孙儿、孙女们一般，脸上那种亲切、随和而又让我们特感熟悉的笑意，至今想来还依然历历在目。原本我心里一直在嘀咕"这位师父怎么如此神异"之类的念头，及至见到师父面带微笑、似曾相识的脸庞，我才恍然明白古人遣词造句的神来之笔——师父，那真的是让你感觉如师如父、如子归家呀！

师父的慈悲是一种永远装不出来的心性流露，这让我第一次对佛教的魅力产生了强烈的好感。接下来与师父接触的五天当中，我时时刻刻都能感受到，他的心似乎永远充满平和的喜悦，没有大起大落，既洞悉一切世事，又悲悯我们的贪执不舍。同时我心里还记住了这么一个小细节：一位道友给师父倒茶时，不小心把一壶滚烫的开水泼在了师父手上，师父没有责怪，反而安慰惊慌不安的弟子，嘴角还是挂着那丝似乎永远也不会消失的微笑。

真切地感受到一个学佛的行者，在日常举止之间流露出佛法甘霖的两三滴法味后，离开白岩寺时，我就认认真真地皈依了这位师父，因为我太羡慕佛法带给他的身心自在，我也想融入到那个境界中去。

皈依是挺容易的，发心、行动、修持却是挺困难的。因而从 1993 年到 1997 年间，除了闻思一些有关因果的浅显道理之外，我没有正经学过一部佛经。想起来真是惭愧，成天在心里神往师父的苦乐不受的超凡境界，但一遇到现实生活，自己总是一头扎进去就出不来。1996 年到 1997 年间，我在中央美院油画专业进修，稍微得以从繁乱不堪的工作当中抽出点儿空闲来。我想如果再不趁机钻研钻研佛法，那别说对不起师父了，自己都觉得连自己也辜负了。于是我下定决心先从南怀瑾先生的《金刚经说什么》开始看起。书中说南先生在“二战”期间与家人失散，就每天读诵《金刚经》，后来终于有了一些感应。我在中央美院期间，也坚持每天起床朗读一遍《金刚经》。原本不想得感应，只想了解一些佛法的般若正见，最后不但粗通了一些空性之理，连感应也不期而至了。在中央美院的这一年，是我对美术感悟最丰富、见解最深刻、灵感最充足的一年，这一年的学习成果超过了我在大学四年学到的总和。如果深入思考一下，原因也很简单——五色使人目盲。如果一个画家被外界的表象、被创作的工具所役使，那他就永远体会不到大音希声、大象无形的至高境界。在有限的形色之中，画家应该而且可以把人的思绪带到一个无法言说、无法描摹的无形无色的境界。画家的任务不是与照相机抢镜头，颜料只是“用”，画家必须善用这“用”，以期引领观者去感悟我们生存之“体”。每一门类的艺术都有它独特的载体，把这种载体的功能发掘到极限，并不是一个艺术家真正的作用所在。他应该用这种载体的独特性去传达他对这个宇宙人生独特的看法与认识。而恰恰是佛法，给了我一个制高点，让我得以尽览大千世界的形形色色，并在这些形色的背后找到它们的真义所在，然后用手中的工具一挥而就。印象派特别强调色彩的心理感受，他们想把人的瞬间印象用颜色固定在画布上。而林林总总的现代派无非是想突破颜料的表达领域、结构的传统用途。但他们最多只能接触到心理的外在现实，而永远无法洞悉人心的内在奥秘。故而我对《金刚经》中“世界非世界是名世界”这句话特别感兴趣。有多少画家能跳出世界实有、感觉实有、颜色实有、画笔画布实有的圈子，去看待这个无实而又活生生存在的世界呢？当你局限于这个世界的天地之内，局限于自己所用工具的限制当中时，你最多达到“感同身受”或“入乎其中”而已。而佛法的即空即有、非空非有、不空而空、不有而有的境界足可以让我“超乎其外”。

进修完毕后，我的一幅创作画《白云，你早》入展中国美术馆，后来又在中央电视台《美术星空》栏目中播出，获得了专家的好评。这幅画基本上集中地体现了我在美院学习的成果，更重要的是我在画面的思想传达上也有了进步。我描绘的是一个在野外工作的年轻采油工人，在荒无人烟的恶劣环境中，心情依然平和、坦荡。他正迎着初升的太阳与白云对话，和自然交流，一种乐观的积极向上的情绪洋溢着整个画面。说心里话，如果我不皈依佛教，不读《金刚经》，这种感觉的产生几乎是一件不可能的事。

如果说“野渡无人舟自横”表达的是一种闲适、随意的境界，那么“心地无私天地宽”则很好地描述了我学佛后我的心境变化。既然一切都是心的显现，一切又都将终归消融于一真法界、消融于本来无生的空性无为的状态之中，那我们的心又何必在它幻化出来的一切外境面前，硬要分别好恶并加以取舍呢？环境都是因心而起的，再执著环境的恶劣、舒适，岂不更是头上安头？取消了一切分别心的状态就是真正平等清净的状态，那时，什么样的山河大地、外境显现不与你心心相印呢？因而我要在一个艰苦卓绝的环境里，让我们的主人公说一声：“白云，你早！”

这世界非世界，因本性为空、为不生；但又名世界，因心而有这种种变化、显现。心但随缘放任而不执著，随缘起用，用而不执，那这个世界真的就是真空妙有了。所以，“心”实乃关键之中枢。读了一年的《金刚经》，我有些明了也是因《金刚经》而开悟的六祖惠能的那句话：随其心净，则其土净。既然如此，外境的所有显现在一个以佛法调伏了自心的人看来，何尝不是处处皆般若、时时归净土呢？

创作《白云，你早》的那一段日子，我曾反复观看了很多遍俄罗斯电影大师米哈尔科夫的作品《套马杆》。在电影的结尾，米哈尔科夫对蒙古草原这片象征了人类生生不息的生命原动力的精神家园，做了一个悲观的展望：曾经是成吉思汗金戈铁马、气吞万里如虎的家乡，曾经是男女主人公肆意张扬生命力的草场，曾经是浪漫而浓烈的爱情自由孕育的温床，在遭受了种种与生命本质状态无关，甚或对之进行扭曲、背道而驰的外来文化的冲撞、威势扫荡后，逐渐沙化、干涸，乃至最终遍布狂吐浓烟的烟囱——这一所谓现代工业文明的标志、产物。

我又得再一次感谢佛法，它使我对同一个问题换了一个角度来看，就像这边看是9，那边看就是6一样。佛学教给了我一个新的看世界的方式，由此让我得以用乐观、豁达的人生态度面对我们生存的这个世界。它教会我积极向上，所以我才不会像米哈尔科夫那般悲观、绝望。我们是会面临许多问题，这个世界呈现给人的丑陋、阴暗，在许多方面甚至压过了它能够带给人类的希望。但我始终坚信，乌云过后，自性的太阳一定又会光芒万丈。只要人人都按佛法行持，自性的人间乐土就一定会现前。所以与其坐在那里哀叹，或对世界再唱一曲于事无补的挽歌，或在小范围内敲敲打打、修修补补，都不如倡导人人学佛法、人人舍妄趋真、人人自净其意、人人行乎中道、人人从“心”做起、人人一味平怀。就像我不是不拥护环境保护政策，我也曾积极地参与过清除塑料袋这些白色污染的活动。但是，现在我从心底认为，清除心的无明污染才是问题的关键所在。只要心净，我坚信一定“土”净！否则都是头痛医头、脚痛医脚。

现在，我的心态越来越平和，内心的法喜越来越充满。学佛后，我对人生的态度越来越积极，而且这种态度也越来越多地感染着我周围的人，只要我们大家共同努力，这个世界一定会被佛法渲染成心的欢喜海洋。其实痛苦、烦恼原本就不是我们心性的本体，只不过我们暂时被假象蒙蔽而已，而佛法就是刺破眼翳的驱幻药。所以我多么希望能有更多的朋友趋入佛法而致心明眼亮。

终于有一天，我来到了色达喇荣佛学院。终于在一个殊胜的时刻，我见到了法王如意宝及心仪已久的一位活佛。活佛又给我取了一个法名，不知是巧合还是天意，他给我取的名字叫嘎瓦嘉措，意思正是欢喜海洋！

在佛学院浓厚的闻思修氛围中，我沉浸在佛法的欢喜海洋里。而眼望着还沉沦在苦海中的众生，我不禁默默发愿，此生一定要追随我的第一个皈依师，以及后来碰到的佛学院高僧大德们的足迹，像他们一样，把所有众生都能摆脱痛苦当作最高的奋斗理想！

当李君以非常欢喜的表情讲述完他从世间欢乐跃升到佛法带给他的欢乐这个过程后，我不禁也生起欢喜心来。李君并没跟我提到他要出家修行的事，但从他的讲述当中，我已能体会到他对自己的皈依上师有坚定的信心。按照佛陀的教言，一个人皈依后，如心性不变，则一定会成就。所以我想李君未来也一定会很快成就的。释迦牟尼佛就在《涅槃经》中说："何人皈依三宝，彼等速得佛果。"正是因为如今的人们对佛教比较陌生，相对来说，又大都信仰现代科技的成就，所以要想体会佛法的甜蜜与利益并不是一件易事。这样，幸福而快乐的人生就往往与自己失之交臂。

我们这个时代的年轻人在已获得了难得的人身后，有没有考虑过这样一个问题：这个人身到底取得了实义没有？

我对这个问题的回答是：这世间最有意义的事就是闻思佛法、修行佛法。懂得了佛法的真义，就获得了解脱的把握！

钱财的确是身外之物

世人多喜追逐财色名食，不惜一生为之牵肠挂肚。也有些人虽然前世善业果报现前，但他却能不贪今世之富贵，而将之再运用到广泛的慈济利民之善举上来。结果福报反而越发增上，并为来生做好了积极的准备。有智慧之人就是这样从长远角度考虑，力图使人生进入一种良性循环。圆波就是这样一种人。

记得2000年5月我去广东江门市时就住在圆波家。他家的别墅坐落在一个风景优美的山下，整个山谷充满鸟语花香，闲云流水相互唱和、俯仰，真真切切是一个禅修的绝佳去处。在这里待了几天，其间圆波向佛学院汉僧经堂捐助了一百万元善款。拿到满满一大箱的人民币后，我在内心真的很随喜他的这一功德。不过与他相处的这么多天中，我最随喜的还是在他家的阳台上，他所讲述给我的他的学佛经历。这种向上、向善、向最究竟的去处攀登不息的努力，才是让我最感欣慰的。

我学佛的境界并不高，但我总愿把我体会到的佛法美味与世人共享。这小小佛味在我看来是很值得珍惜的人生境况的提升，于别人恐怕也不无裨益。当越来越多的人体味到这妙法滋味，并将之和盘托出奉献给别的众生时，我想这世界恐怕也就即将归之为纳百川为一味的法海宝洲了。

自小在香港长大的我出生于一个父母都务农的家庭里，家中有八个兄弟姊妹。我们这个家庭虽大，却不是一个佛化家庭，八个兄妹当中，只有我和一个姐姐最终走上了学佛之道。父母的文化水平只有小学程度，自然无法给予子女正确的家庭教育。他们虽然烧香拜神，但对宗教却无论如何也谈不上“信仰”的层次。他们拜庙的目的只是求个心安理得，当然也包括一些无知的祈求，因为他们认为一切都是“上天”所赐，当然需要礼拜各方天神。至于真正操纵人命运的因果规律，他们却一窍不通。

幸好我还有机会接受学校教育。中小学是在香港读完的，接着便到台湾读大学，念物理系。记得那时很迷数学与物理，但读起书来却读得异常痛苦。一方面是由于没有这方面的天分，另一方面是觉得，不论用 X、Y 怎样推理，也无法得出关于宇宙的一个通用运动规律的公式来，更不用说用数学公式、物理定律去解答我日渐增多的对于人本身、社会本身的疑问了。那时我无任何确定的宗教信仰，但感觉上似乎总对佛教多了一份关注、一份好感。上大三时有次偶然看报纸，忽然发现有一篇介绍广钦老和尚的文章，尽管很短，但它讲述的有关老和尚慈悲心切的点滴话语却长久地打动了我，看得我莫名其妙地流了很长时间的泪。当时的我太佩服在一个混浊不堪的社会里，一个老和尚能有如许的清洁悲心，于是不懂任何佛教仪轨、教义的我便在心里自觉自愿地“皈依”了他。

大学毕业后返回香港，在新界的一所英文中学里任教，教授物理和数学。那时的我虽对广钦老和尚佩服得五体投地，但由于业缘所限吧，我却一直没有缘分得以深入佛法去真正闻思，思想认识上对佛法的甚深义理仍然处于无知状态。一个很偶然的机会，我在一间书店里看到了冯冯居士的作品，就好像久已迟钝的心地突然被一把利刃划开一道口子一样，心间忽然闪过一道灵光：“为什么不把它们全买回去好好看一看呢？”等到逐一细看过这些书籍，我才算是慢慢对灵界、佛门六通等现象有了一个初步的认识。但一些基本教理，如四圣谛、十二因缘、真俗二谛、因果律、缘起性空等还是不明所以。因而在读《心经》《金刚经》时，总是对空有之间的关系一头雾水。虽然如此，但冯冯居士的文章对一般普通大众而言，还是很具有启发性的。不久我终于请到了我钦敬已久的、早已在心中皈依过的广钦老和尚的一本开示语录，好像与他老人家特别有缘似的，我总觉得他说的话句句都印在我心里。他教导出家与在家二众修行的一些基本原则，实是所有修行人都不该错过的良训。特别是在读过这本开示录后，我自然而然地对因果律产生了定解。我觉得这就像天要下雨一样自然：为什么我对广钦老和尚情有独钟？如果不是前世积下这亲近之因，现在的亲近之果又从何得生？可叹自以为聪明睿智、远见卓识的人们，恰恰是大自然中最没有眼光的一群。我们可能连刚刚发生过的事都记不得，但我们却那么自信地认为我们没有眼见、没有记忆痕迹的前世、前世之因绝对不存在。老鹰能在三千米的高空发现地面的一只兔子，我们人类能吗？整天说眼见为实，戴上十副眼镜，你的眼见又有多远？世上没有无缘无故的爱，所以我从心底喜欢、敬爱广钦老和尚的情感，我想这因缘也许很久以前就已种下了。当然，我的意思并不是说我们看不见的东西就一定存在，我只是想说明这世上没有无因之果。

打开了因果律这个症结，我的学佛之路平坦了许多。有了一定的闻思基础后，在一位法师的指导下，我开始了禅修。我自己感觉之所以有了一些佛教理论知识并不能全部转为道用，很重要的一个原因就在于我没有定力，些微的外部刺激都可以转移我的注意力。还要这么心随境转的话，恐怕当死神降临时就只能再次被业力所转了。再来，人可于闹中取静，我想我还是静中求定吧。记得那时我常常带着我最喜欢的一条狗跑到一个僻静的山头，找块平坦的石块后，就开始在上面“止观双运”起来。四周静悄悄的，小狗乖乖地卧在我的脚边。云在青天上，水绕山间流。闭上眼睛，你会感到心融化在蓝天里，万事万物竞自由，与你一点也不妨碍，整个境界空灵一片。每每打坐完毕，睁开眼睛再一次目击山下奔波不停的芸芸众生，我心里就一阵阵难过：什么时候大家都能静下心来一起体会心的平静与幽香啊？我真的是愿意以心香一缕供养所有众生。

在那间英文学校工作了十余年后，为了将全部的时间与精力投入到修行上，并着手编写佛教普及读物以便与大众共享佛法甘霖，我主动辞去了教职，专一把佛法当成工作与生命的全部。可能我的前世所植善根比较深厚吧，这一世显现上的福报还比较大，无论是生活还是行善，所需的钱财倒是从未匮乏过。以前曾认为钱这个东西尽管不是精神富有的标志，但好歹也是养家糊口的必需物。与佛法相濡以沫了这么多年后，却越发觉得如果不把千金散在能帮助众生启发灵智、脱离苦海的“刀刃”上，那这财富真的是一种不堪承受之重负。故而下定了万般不求、金银不为所累，但求了达心性并与众生同享佛法甘露的决心后，身心世界豁然通泰，于是便一门心思投入到闻思中来。越是深入经藏、定慧等持，我对佛法的殊胜也就感触越深。虽然我自己还不可能超越世间法，但十多年的学佛经历已足以使我以身心的全方位改观对佛法做出一个由衷的评论：它可以让我的生命无拘无束地自由绽放！

由于编书的缘故，我经常往来于香港与内地的一些大城市之间。转的地方越多，越感到末法的悲哀：表面上看来，几乎每个沿海开放城市都有一批数量不少的信佛者。其实你问问他们，十有六七连五戒十善都不懂。他们往往是跑道场的最热心分子，东西南北经常都能看到他们成群结队的身影。对他们来说，跑道场、参加法会、拜见高僧活佛、举办佛事活动就像是赶庙会一般热闹。一些人拜佛进寺的理由很难与了生脱死挂上钩。我眼见身边许多念佛的人，一方面对这个五浊恶世如此贪恋，另一方面又一口一个“阿弥陀佛”。因为这种缘故，故而清净的道场实在难觅。

也正是因为这个原因，1997 年当我头一次听闻了色达喇荣佛学院的名字后，我就想无论如何我也要亲自去一趟这个地方。如果真是一个殊胜道场的话，本来就置身于末法时代的我，要是错过这段因缘，那就恐怕百千万劫也再难遇解脱胜缘了。下定了决心后，我便只身奔赴了只是儿时上地理课时从地图上了知的那一大片深褐色的高原。

高山反应肯定多多少少有一点，但心灵的反应则让我永生难忘。不想说太多赞美学院的话，因为说得再多也难以打消有些人“眼见为实”的习惯，那就还是让他们去“实见”吧。我记得当我到达学院的第一天晚上，按照惯例在打坐时，定中出现了以前从未有过的瑞相。当然我并不执著它们，而接下来在学院的闻思过程则让我猛然间回忆起宣化上人的一句话：“只要我宣化在，就不允许末法存在。”曾经对宣化上人的这句话总是作悲观理解的我，忽然对之迸发出强烈的信心。我在想：只要有佛学院在，这正法就能久住！只要有法王在，有许许多多的汉地、藏地乃至全世界的高僧大德在，这正法就能久住！只要有正信的佛教徒（包括我自己）存在，那就一定不允许末法存在！

佛学院之行，让我对密法生起了很大的信心，对自己未来修行的方向也更加明确了。从学院回来后，我加紧了修持与编书的步伐，因为我想把更多、更新、更好的精彩法味介绍给大家。

回想1995年我正式皈依佛门时发下的誓言，“生生世世不离上师三宝”，我就感到一个誓言能否达成的关键在于你是否有了定解，否则都可以理解为是头脑一时发热的产物。从当初看广钦老和尚的事迹介绍到参访佛学院，我感觉自己正在走一条越来越理性、越来越自觉的学佛之路。选择、思考，再实践、再思考，当遥远的地平线上的第一道曙光渐渐演变成漫天飞动的辉煌云霞时，我终于见到了心中的那个目标在远方向我展示了它的全部灿烂图景。因而我才愿把全部的生命投入到一场尽管路途遥远，但绝对获胜的竞技中。

我无法表述佛法对我的惠泽与再造之恩，我也无法形容尽我所尝到的佛法滋味。就让我这小小的一滴佛味融入有缘者的心间，好让我们一同体会一种久已遗忘的来自心灵的感动！

在舒心悦意的环境中，一边享受着大自然的诗情画意，一边听闻圆波的话语，我的心感受到了难得的一种轻松。几天的相处让我发觉圆波几乎把所有的精力都投注在修行上，他从不执著任何外在的声色名利。这一点让我感慨万千：贫穷的人在拼命聚敛财富，而有些富贵如圆波者却又把别人为之双目圆睁的钱财投入佛教事业。个中因果实在令人三思玩味。

看到圆波，我就想起了香港的佛学博士郭兆明，这个亿万富翁拥有十四家房地产公司，同时又因修有所成而荣任香港显密学会会长。他平时以粗茶淡饭为乐，所穿的衣服等行头价值不过一百元，在外人看来根本不配亿万富翁的身价。有空他就到广东、斯里兰卡等地大兴佛事，广捐善款，过着一个在家居士标准的佛化生活。他有一句话让我印象很深：“人生在世应利用自己有限的生命，为社会、为他人多做些有益的事。”想到这句话，我就想说，对郭兆明这样的亿万富翁而言，最大的财富不是拥有了钱财，而是拥有了将生命依托于佛法的智慧。

圆波是不是亿万富翁我并不知道，我知道的是他也下定决心用全部生命去体证佛法真义。我很赞叹他的这种选择，因为钱财的确是身外之物，人生在世最应执取的是未来的生死趋向，为此我们就要广积资粮，但愿这福智双足能让我们轻松跨越无明与轮回的深壑险滩。

人生定位

无论在汉地还是藏地，都有一些人从小就因前世同行等流果的熏染，而致很小时便与佛法结下了不解的缘分。如果他们前世与佛的因缘比较深的话，那这一世与佛法的渊源更为殊胜。他们可能从小就对善知识、佛法表现出一定程度的好奇与接近，与常人相比，也更能顺利而没有过多怀疑地接受佛陀的教言。对他们来说，以小时候的这些善根为基础，如果得遇具相上师教授的话，人生从此便可走上一条康庄、幸福之正道。

很高兴能在这里向大家介绍北大硕士明光的学佛与人生经历，他就属于这种从小就善根深厚的学佛人。多年的学佛经历使他在原先良好善根的基础上，人格、行为、修持都日渐增上，恐怕一些出家人的日常行持也难与之相提并论。

当人们越来越多地向外境趋驰造作时，他们是不会内观自心过患的。而在将佛法融入内心这一点上，明光的经历恰恰可以给我们很多启发。

我叫明光，现在北大某系读研究生。说到北大，人们普遍认为它是全中国最自由和开放的校园，在这里，莘莘学子均可依据自己的价值取向积极演绎自己的生命轨迹。我在感受北大自由空气恩泽的同时，对这里的学佛氛围却有些许的遗憾。每当向别人讲起我是一个佛教徒时，总感觉对方的目光里马上就有了一种怪异的感觉。于是我就在心里感叹："这有什么可奇怪的呢？人们信仰某种东西、某种价值体系，难道不是一种很正常的心理取向吗？就像你喜欢清华的荷塘月色，我喜欢北大的燕园风光一样，本无厚此薄彼之处，为何还要对我信仰佛教大惊小怪呢？"其实我倒是一直觉得，在人们那越来越躁动不安的内心里，有了信仰还可以起到一定的支撑作用。否则，他的心里只会装下更多的足以使他倾斜、引发新的身心危机的欲望。

说起我的学佛过程，那似乎是一种水到渠成般自然而然的过程。1976年出生于北京的我，家就住在北海边。小时候大人常带我去那里玩，北海一带的景致中，我最喜欢的便是矗立在翠峦碧波之上的藏式白塔。特别是当人们告诉我那是一座佛教建筑物时，我更加觉得它有一种吸引我的说不出的神秘色彩。四岁上幼儿园时，每当我经过西四的白塔寺时，便总要不自觉地用稚嫩而好奇的目光紧紧盯住那壮观、庄严的大白塔，并总是希望车开慢点儿，好让我多看两眼。第一次进广济寺时我刚刚五岁，别的印象都没有了，只依稀记得拜完佛后偶遇一位老师父，他非常慈祥地摸摸我的头，还送给我一个大苹果。末了，又对我父母说我非常有佛缘，长得也极有佛相。回家后，我把那个苹果放在我的床头，一直供到它最后烂掉……

童年的往事总是让人想起来就觉得历历如昨日，从点点滴滴中折射出我天真佛性的率真流露。上小学后，这种对佛的亲近感就与日俱增起来。记得有一年暑假，我得了一场病。结果等病好后，我居然再也不想吃肉了，从那以后就一直吃素到如今。上初中时，寺院成了我最喜欢去的地方。潭柘寺的塔林、戒台寺的戒坛、云居寺的石经板、智化寺的佛教音乐，都给我留下了深刻的印象。高中时我又开始接触佛教的理念，可能由于从小就与佛有扯不断的亲近关系吧，没有过多的分别念，在纯净的心田里，我很自然地就认同了佛教的一些基本概念。当时身边几乎百分之百的同学都对佛法存有疑惑，但我想，如果要追根究源的话，问题肯定不是出在佛法这边，而出在不接受佛法的个人。如果你没有一个明晰、清醒的头脑，再加上受一些世俗教育的误导，对佛法产生人云亦云似的亦步亦趋的排斥、误解，想来也在所难免。但如果不放开胆量、放下成见去实地钻研一番，只凭主观臆想或大众舆论就轻易下判断，那我只能认为这种人已失去了自我，他们只是特定社会观念下的复制品或接收器而已。故而，我那时就常常去寺院参加一些佛教活动，如早晚课、水陆法会等。通过佛教的念修法门，我深感自己受益匪浅，至少身心越来越清净安和。备战高考时，就因为有过上早殿的经历，所以我可以在凌晨 4 点钟就起来复习功课，并最终以优异成绩考入北大。

充满情趣的大学生活令我十分满意，二年级时，我还参加了禅学社团。

真没想到北大还有这样一个学佛组织。在禅学社里，我积极参加每一次活动，诸如讲座、参观寺庙、去中国佛学院与法师们座谈等。渐渐地，对佛教的信心之花在我心中越开越茂盛。虽然在北大校园里，我接受的是现代科学的教育，但在内心中，佛法与科学并未形成两种互不相容的势力。站在佛法的角度审视科学，会使人高屋建瓴，而从自然科学的角度去感受佛法，你只能更加觉得佛法的远见卓识。我越来越相信孙中山先生那句话的正确性："佛教乃救世之仁，佛教是哲学之母，研究佛学可佐科学之偏。"

后来听说河北赵县柏林禅寺举办生活禅夏令营，于是在2000年的暑期，我就赶到那里参加了第八届夏令营的各项活动。短短的几天时间，禅宗与禅学的理念便使我叹为观止、心悦诚服。回想起大学校园里，各种思潮此起彼伏，令人眼花缭乱。想当初，我也曾竭力追随过各个独领风骚之创造潮流的风云人物，以期能填补心灵面对浩无涯际的时空时所产生的失落与空虚，恰恰就像时下社会上的形形色色的追星族一样。但结果却是往往不得其终：信息与知识变化太快，今天一个样、明天一个样，你根本不知道这些学说会将你带向何方。所以尽管我从小就受佛法的熏染，但我一直试图能在佛法与世间学术之间找到融汇点。经过上大学后这段时间的探索，我发现融汇二者的基点只能是以佛法化世间思潮，而不能被之所化；世间学术只能以佛法为指导，而不能妄图超越或替代它。得出这个结论之前，我曾一度出现心灵的饥荒、人生的盲点，因为我不知道应最终将自己的思想、人生定位在哪里，最终以佛法还是以世间科学立足于社会。虽然我也知道二者并不矛盾，但显现上毕竟有个以何为安身立命、以谁为旨归、以谁为主要处世立身之坐标的问题。

接触了禅宗之后，诸位禅门大德对禅宗直指心性的开示，似乎传给了我一把启开心智之门的钥匙。从此，我的内心渐渐有了一道对付所有纷繁万象、芸芸百态、日常动用这些纷至沓来的幻象之良策：那就是不对境生心，只朗朗照了则已；认真做事，不论科研还是学习。但心无分别，用心处无一丝执著痕迹。总体来看，也即当体即空，但又不妨快快乐乐、无所黏着地大干一场。不唯从理上明了一点儿佛法所言万物归之于心地的观点，而且借禅坐之修行，自我感觉往日浮泛的心态也得到了明显调整，心力显著增强，气顺身调、轻安柔软。我终于体悟到，以前不论是学佛还是做学问，我的眼光始终在向外看，在外在的种种努力中追寻生命的支杆。也曾为此而疲于奔命，但效果并不明显。反观自心后，释然明了禅宗活在当下的理念。向外驱驰只能使我离自心越来越远，而内观的修行则可突破一切心灵的障垢，从而开发出本有的大智慧。

同时在夏令营中，大德们还一再告诫千万不要把禅宗宗师的一些呵佛骂祖之举当作自己修行的样板，原因很简单，我们谁都没有资格说现在我们已证悟了空性。谈空说玄正是禅宗后来流于“口头禅”的重要原因，一定要注意日常的点滴行持。在夏令营与道友们朝夕相处的日子里，我就深刻感觉到了这一点。先说说我自己，在寺院生活了一段时间后，我觉得自己在为人处世上比以往冷静沉着多了。另外平常没课时，生活依然能保持规律，不像大多数同学那样日日呼呼大睡。回家后也能主动帮着家里料理家务。而在夏令营时，我发现有些营员虽未违反营地纪律，但他们纯属是把夏令营当成是一次免费旅游。有些则借着“但观自心”的招牌，口口声声要摧毁一切有形有相的执著。他们早晨不起床上早课，晚上还要聊天不止，更不愿出坡劳动。而这些“无相”的修行者在发东西时，则回回抢在最前头。我想这些绝不是对佛法真正感兴趣的人，而且也绝不会修成。

多年的学佛体验使我认识到佛法是最完美的教育。佛法可重新塑造一个人的品格，使失落者再度获得自信与从容；使失望者获得勇气与力量；使暴戾者获得平和与慈悲。佛法确确实实是重建一个人心地家园的最上妙法。可惜的是，有不少知识分子并未认识到这一点，在对佛法的认知上，他们存在着不少的心理障碍。比如我校某系的一位博士向一位师父表白说：“我研究哲学多年，虽已看到佛法的真实与完美，但社会观念、周遭环境都使我还不太敢公开进入佛教。”其实我觉得这纯属杞人忧天或自我掩饰。对在家人学佛而言，某位大法师曾开示道：“应将信仰落实于生活，将修行落实于当下，将佛法融化于世间，将个人融化于大众。”故而我觉得这位师兄所言，实乃没有放下“我执”，因而无法学会“融化”。在今后的工作、生活中，我将依此教言努力实践下去，力争将禅与生活真正结合起来。

现在我已受持了五戒，我准备认真地从戒杀、戒盗、戒淫、戒妄、戒酒做起，受持佛法，并落实在最基本的一些日常生活中。比如在家帮父母做家务；在校主动帮同学打饭；在教室帮老师擦黑板；乘车时主动搀扶行动不便者，并给老年人让座；吃饭不浪费一粒米……我相信以佛法指导我的全部所作所为，一定可以使我在拥有一个良好品性的基础上，“人道尽”后，而最终“佛道成”。

存在于世间的佛法本来就应与社会相应，否则，所有的佛陀教言岂不是成了一座空中楼阁？世间法都提倡并遵循“理论与实践相结合”，佛法当然也应不离世间觉了。佛陀自己也曾说过：我要随顺世间。况且佛经里也一再强调修行人随顺众生就是随顺诸佛。所以我们每一个学佛之人在日常的行、住、坐、卧之中，都应该时刻用佛法规范、引导自己的生活行持，使别人在我们的一举一动中，都能感受到一种既不显山露水，又起潜移默化之功的佛性流露，使他们在我们的人性闪光之处，都能渐渐体味到一种佛性的升华。

假如我们做不到与众生和平共处、平等相待，做不到上恭下爱，反而处处让别人感觉我们很特别、很难相处、很怪异，甚至乃“挂羊头卖狗肉”之徒，那我只能说这实在是我们的修行走偏、走歪了的缘故。我们应该仔细体会六祖“佛法不离世间觉”这句话的密意所在。

一些修行人不能适应社会，这原因实在不能从社会中去寻找。由于自身缺乏善巧方便，他们给自己的修行乃至生活增加了许多违缘与不便。而明光应该说比较好地把佛法应用在了自己的世俗生活中，这种平和而又有智慧的态度才是一种务实而明智的态度。

让我们把眼睛从虚无当中挪到地上，把心安住在平平常常的生活中吧。

如何脱离烦恼与痛苦

世间人只要了解了佛法僧三宝所具有的不可思议的功德，而且自己满怀正信地信赖这种功德，那么无论我们遇到任何违缘或痛苦，甚至面临身堕恶趣的巨大灾难，三宝也会不遗余力地救护我们，直至我们解脱为止。千千万万这样的实例都在我们身边发生过，这一点谁也不可否认。《宝性论》中叙述了三宝的六种殊胜功德，其中之一便是三宝具有不可描述、无法揣测的殊胜能力。这种能力在帮助人们离苦得乐的同时，也使无数的受益者趋入了佛道。

曾为海军中校，现转业到地方的山东威海市的张永存居士，就是这许多感受到三宝的力量并进而趋入佛门中的一个。

接触佛法前，家里曾在短短的几年间陆续发生了许多危难及让人深感痛苦之事：儿子抽风几近死亡，母亲去世，父亲得癌症，儿子在刘公岛游玩时从高处坠下，儿子落海被淹等。这么多突发的灾难让我不得不在身心疲惫之时，开始注意寻找远离这些烦恼痛苦的途径。

直到 1989 年，我才有机会初次接触到佛学书籍，从一开始研读学习《金刚经》《六祖坛经》起，我的身心便立刻得到了放松和安宁。更想不到的是，我们全家也变得处处平安吉祥了，这让我初步感受到了读佛经的利益。

1995 年，在越来越多地受益于佛法的甘露后，我发心皈依了佛法僧三宝。妻子刚开始很不理解，她认为看看佛经、念念佛号也就可以了，没有必要非要正式去皈依三宝、守持五戒。而我经过学习和亲身体验，深知皈依三宝是十分必要的。难得的人身幸遇佛法住世，生命将因此而不再虚度。因为一切世间与出世间的利益，从根本上都来源于皈依三宝的功德。更何况皈依三宝也并不影响我在部队的工作，又无害于家庭生活，反而能增长智慧和福德资粮。面对这么多的利益，要是再不皈依，世上可能没有比这更糊涂的事了。妻子一时不理解并不要紧，我想还是让事实来说话好了。

随着时间的推移，我对三宝的信心也越发增盛起来，而我所遇到的一切大小事情，也均能如愿以偿地得以解决。妻子的认识便也随之不断地有所提高，渐渐地，她对我的读经以及应邀为他人讲经等行为不再阻拦。她本人是做小生意的，由于内心对三宝有了一些信心，也学习了一些因果道理，懂得了善恶有报，便自觉地开始文明经商，不再像有些店主那样随意欺诈顾客、投机、偷漏税。结果这样做反而使她赢得了越来越好的信誉，生意也越做越红火。儿子由于幼时患病抽风，后来又多次面临一些急症的折磨，因而智力、反应等方面都受到很大的影响，学习成绩一直不好。近年来经过我的不懈努力，他也最终发心皈依了三宝。像他这样的社会生活中的弱者，多亏恒时得到三宝的加持，否则真要成为社会的弃儿了。如今的他已基本恢复到正常状态，学习成绩也大有提高。妻子在看到家人皆因皈依三宝而各得其乐后，也高兴地进行了皈依，并开始学习佛法。结果没过多久，她的脾气、性格就大大地改善了。这样，我们这个家庭便初步具备了佛化家庭的雏形。

且不用说甚深的佛法道理，单是我日常学佛过程中的一些见闻觉知，就已让我对三宝的功德深信不疑。记得有句老话说道："养兵千日，用兵一时。"对我们当兵的来说，当然就更能体味"平时多流汗，战时少流血"这句话的意味了。日常生活也是如此，一个人在有了正确的目标后，平时就得多努力行持，否则事到临头就来不及了。1997 年春天的一个早晨，我们乘车准备到山东荣成石岛的法华院去。刚离开威海市区，我们所坐的那辆中巴为躲避一辆正面撞过来的吉普，急闪到路边。结果因车速过快，中巴一下子翻进两米多深的沟里。车子连翻带撞地滚动了两周半才停下来，乘客都被震得晕头转向、惊惶失措。而一路上，我一直翻看佛协办的《法音》杂志，口中还默念着"阿弥陀佛"。正当车要翻的前一刹那，我的眼前忽然变得很明亮，内心也格外坦然，没有一点恐惧感。翻车后过了一阵，人们才开始渐渐地清醒过来，慢慢地从车里一个个爬出来。等爬上公路，大家都面面相觑、惊魂未定、呆若木鸡。最后清点现场，发现同车二十多人，除两人被划破一点皮外，其他人均安然无恙。大家都感到很幸运也很惊奇。不过我却因此而想起释迦牟尼佛往昔在因地时，曾为大商主率领五百商人去海中求宝的事。当时他们的船在途中遇险，海中掀起巨浪。当狂涛即将打翻商船时，大商主念起了佛号，结果众人皆得以平安。这时邻座的小伙子见我仍在念佛号，便感到十分好奇。我对他说："佛经中说过，遇到危难的时候，哪怕有一人忆念、称诵佛菩萨的名号，佛菩萨都会循声而至慈悲救护的。"同车的人听说后都开始议论纷纷：遇到这样的车祸却能化险为夷，实在找不出别的理由。许多人因此开始隐隐地感觉到了念佛的神奇力量，便向我询问起一些佛法的道理，最后还有一些乘客由衷地感谢我在关键时刻一人念佛使全车受益。结果，同车的人在经历了这次车祸后，有不少随即也皈依了三宝。事实使人们深受启发，而我对佛法的信心也因之变得更加坚定。

还有许多耳闻目睹的实例，我也无须过多列举。总之作为一个新时代的人，我如今已过不惑之年，军旅生涯也有了二十多个年头。我这一生可以说是读破过千卷书、行走过万里路。从中校到佛子，我对佛法如此信赖，如此钻研学习，这难道是"遇到挫折"四个字就能简单概括得了的吗？如果佛教不能利济社会、利益世人，那么千百年来，上至帝王将相，下至平民百姓，谁还会如此前仆后继地去皈依三宝并追求佛法的智慧呢？多少志士仁人为求得对人类自身的认识、对我们所生存的世界真相的认识，上下求索、矢志不渝。可是要想彻底弄清楚这些问题，只有皈依三宝、闻思佛法，舍此别无他途。

我的经历使我得出这样的结论，愿我的结论能引起更多人的思考。

张永存以他军人特有的坦率，讲述了有关三宝在危难中带给他安详、平安的事例。其实坦率地说，只要自己有恭敬心，三宝的加持和力量随时随地都在跟随我们。我的记忆当中存储着非常多的关于三宝给予众生快乐乃至生命的事例。在我的家乡，有一个叫智洛的人，他曾亲口向我讲述过他的一个真实经历：他原先是一个非常恶劣的残暴之人，在那个特殊的动荡年代，他积极地残害别人，手段极其毒辣。结果恶有恶报，他的残暴激起了村人的反抗，有三个遭他污辱、毒打的人，准备在他必经的回家之路上收拾他。他们原计划先砍断智洛的脚，然后再剥光他的皮，让他慢慢地在折磨当中痛苦而死。三个精壮的小伙子干掉智洛一个人并不是一件很困难的事。

智洛在路上先看到了那三个人的影子，便急忙躲到一棵树下。那一阵子，他的身上经常携有手榴弹，智洛原先打算用手榴弹炸死那三人。但就在他刚要拿起手榴弹的瞬间，脑海里忽然浮现出平时他虐待众人的惨不忍睹的场面。猛然间，智洛害怕并忏悔了。他在心里闪过一个念头：如果三宝真的存在的话，今天就给我留一条命吧，我再也不敢胡作非为了。结果，就是这么一个在瞬间产生的念头却挽救了智洛的命——那棵树其实根本藏不住人，但那三个复仇者在距离很近的情况下，就是对树下的智洛视而不见！

不过，许多人即使遇到了违缘也想不起三宝。如果在危难中向三宝求助的话，我想它一定不会令你失望，至少也会带给你安慰。现在居住在色达县城的智洛对此就深有体会。

关键是对三宝要有纯洁的正信，否则我们就无法与它感应。在这一点上，我们应牢牢记住《水木格言》中的一首偈子："三宝加持无量，然无信心岂护，大海中水纵多，燕子无法解渴。"

快乐的根源

神变月的喇荣只能用“惊人”二字来形容。十五天的日子里，上万名四众弟子每人都要念够五万遍观音九本尊心咒。不唯如此，遍布五个台的高音喇叭，一天二十四小时都在不间断地播放男女僧侣唱诵此咒的悠扬和声。我相信任何一个正信的佛教徒此时来到喇荣都会得到无量的功德与加持。

坐在室内靠近窗户的位子上，看着窗外漫天飞舞的雪花、风中飘扬飞动的经幡，听着经堂里来自五湖四海的佛教徒们以诚心诵出的悦耳咒语，我想所有人的心中都会感到一种难言的惬意与愉悦。也就是在此时，智明欢欢喜喜地来到了接待室。

我们聊起了她的学佛经过，可能她本人对这个问题感触很多吧，她滔滔不绝地讲了许多，而且语速还非常快。我只能尽量地笔录她的谈话内容，有些话可能还是让我给漏掉了。不过没关系，等以后有机会我们再补上，这只是她个人的一段人生总结而已，对她来说，未来的路还长着呢。

我出生在一个知识分子家庭中，父亲是1954年从东北工学院毕业的。我们全家老少几代都有人信佛，如父亲，他是每天必定要在佛前烧香的。而我的曾祖母和祖母也都信佛，祖母因她早先生下的男孩子全都死掉了，于是便接受了曾祖母的建议而学会了念佛号。在她念阿弥陀佛圣号还没多久，她就又生下了两个男孩。这次她不但把他俩全都养活了，还把他们抚养成人，其中的一个就是我父亲。

我是父母单位里第一个考上大学的孩子，从我之后，单位里才开始有其他的孩子陆陆续续考上大学，父母因此觉得我给他们的脸上增添了不少光彩。1985年，我从一所师专毕业后，被分配到一所学校教书，从此以后，每天过的日子就是上班挣钱，挣钱吃饭，吃饱饭再去上班。这样的生活过了几年后，想不到一个非常偶然的机会，我的生活轨迹竟发生了根本的转变。

1992年，我在对佛法并不是很了解，只是出于想摆脱单调生活的愿望、给贫乏的人生找一个信仰当依靠的情况下，皈依了驻锡在离我家很近的成都昭觉寺里的清定大和尚。皈依时，清定上师给我取了法名叫智明，并在大雄宝殿里，亲自领着我们念皈依文。新皈依的和过去皈依过的人合在一起，大概有好几百。我至今还记得，当时我穿着大红色的呢子上衣，上师就坐在离我不远的法座上。整个皈依过程中，他老人家一直都在冲我们笑，笑得如此真诚而灿烂。我被这笑深深地打动了，觉得他真是一位非常慈祥的老人。

没过多久，有一天，我又到昭觉寺闲逛，刚好看到上师在大雄宝殿外面的空地上，正非常虔诚地对殿里的三尊佛像顶礼。那种无比的虔诚又一次深深打动了我。我想，像他那样过去在军队中做过少将的高级将领都这样虔诚地礼拜佛像，看来这佛像恐怕不是简单的泥坯塑金的几尊偶像，这里面一定大有名堂。可惜当时尽管感动了半天，也没能真正发心去精进修行。

又有一次，我来到了成都文殊院，看到最里面一间殿堂的右边挂着一幅字画，那字里表达的意思是：人生皆苦海。这在我内心引起了不小的震动，看来寺庙真是个神奇的地方，居然在讲有关人生的问题。

刚好我的邻居也是个学佛的，他还参加了文殊院的“青年佛学会”。学会的学员每周都有几个晚上组织听课，而且还经常到外地去参拜高僧大德。邻居把从佛学会借得的《观世音菩萨传》拿给我看，没想到我一看便看得眼泪直流。他又借来《释迦牟尼佛的故事》等录像带，以加深我对佛法的理解。随后我自己又看了《米拉日巴传》，也是边看边流泪。他的遭遇与苦行的经过，让我内心对他也对藏传佛教生起了无比的敬仰。这时文殊院又组织他们去了西藏，参加一位噶玛巴大活佛的坐床仪式。回来时，邻居把这位大活佛亲自加持过的、写有藏文六字大明咒的金属手镯送给了我，于是我就把这个手镯天天戴在手上。

就这样，在各种因缘的交汇冲撞下，大概过了三个月的样子，有一天，在我内心深处终于生起了一个非常强烈的愿望：一定要开始真正修行了！

于是，我便迫不及待地跑到昭觉寺找到清定上师，请他给我传“加行法”。得到传承后，我立即开始了五加行的修持，结果在刚刚开始磕大头时，我就得到了他的大力加持。现在想来，如果没有他当初的护佑，我是无论如何也不可能把加行修完的。从对治我的嗔恨心到矫正我的邪见；从帮助我树立对上师三宝的信心到培养我初步养成视众生如父母的大悲心，可以说，我的整个修行过程，都是他老人家一步一步扶着走过来的。如果上师对我们众生的恩德可以用言词来形容的话，那么整个虚空也容纳不下他对我们的福泽。生生世世，我都报答不了上师对我的恩情，唯有像上师一样发大菩提心、誓愿度尽法界一切众生，方才能告慰上师殷殷深情。

修行每天都在进行。这样，过了一段时间后，在念经中我渐渐地感受到了快乐，心也开始体验到一份以前从未领受过的宁静。手不断地在拨动着念珠，口里不断地念诵着咒语，心里似乎便有了一种已离开了尘世的喧嚣嘈杂的平和与快乐。这时我不再觉得念经是件苦差事，它已完全变成了一种享受。

也就是在修行刚刚有了一点起色时，违缘也就开始不断地向我袭来。不过我已不再像原先那般害怕、诅咒违缘了，因为我明白，该我承受的，我必须承受，更何况这时我心里还多了另一种依靠，那就是念经。既然在念经中能找到快乐，那我又何必去留意外在的幸与不幸呢？即使是天大的事情发生了，我也有念经这根柱子支撑。有一段时间，我甚至全天候地想着念经，念经成了我唯一的快乐。

不过此时的我，还是没有系统地学习过经论，所以对修行的次第以及甚深的中观见都不了解，而这些对于一个修行人来说又是多么至关重要啊。正当我想迈步深入经藏时，一件人天同悲的事情却赶在了我的计划之先，没有任何预警地发生了——1999年，对我恩深无比的上师示现圆寂了。噩耗传来，我急忙赶到昭觉寺，却只能看见上师已被安放在水晶棺里的遗体。坐在他老人家的遗体旁，透过水晶棺，我能清楚地看见那熟悉而又安详的面容。尽管当时我早已是泪流满面，但还是与僧众一起在藏经楼忍悲含痛专修了“上师无上供养法”。我一边流着泪，一边在心里默默地发愿：从今往后，我坚决不说上师不愿意我说的话；坚决不做上师不愿意我做的事；坚决不想上师不愿意我想的事。否则，就太对不起清定大和尚对我们大家的再造之恩了。

第一个皈依师的圆寂让我难过了很久，也让我清醒了许多：再这么晃晃悠悠地修下去，恐怕这一生就将在大大咧咧中蹉跎过去了。没有哪个上师、没有哪个法是专为我而准备着的！自己不去抱定“朝闻道，夕死可矣”的决心，又如何能打破生死关？无常是不会为我一个人大开绿灯的，一定要起而精进了！后来，当我听闻了色达喇荣佛学院的大名后，没有丝毫的犹豫与懈怠，揣着几百块钱就直奔学院而来了。因为在无常的催逼下，我已越来越感受到尽快闻法、尽快获取了生脱死的把握的重要性与紧迫感。

一到这里，我就发现学院闻思修的风气相当浓厚，上师们也反复强调“修”必须要以“闻”“思”为基础，这样才不会走错路。在学院中，我的闻思主要靠听课，修主要是靠参加法会。各位上师每天都给我们上课，他们的课都讲得很精彩。尽管有些内容我还不能完全理解，但心里却总感到一种莫名的快乐，甚至只要见到堪布们精神抖擞地坐上法座，我心里就高兴；只要能听到法王的声音，我心里就快活。而在学院中参加法会，更是对我的一种强化训练。没到学院之前，自认为自己念经已很精进了，每天不看电视、不唱歌、不跳舞，只要一有时间就开始念经。但在参加了学院的一个法会后，我才发觉，自己的“精进”离真正的标准还差得很远。我在学院参加的第一个法会是在藏历新年前后召开的“持明法会”。那时候，藏地凛冽的寒风刺人肌骨，但七千多人都在大经堂的各层楼上席地而坐，绝对不能待在家里一边烤火一边念咒。法会从早上7点30分开始，一直到晚上9点方结束，前后持续十五天之久，所有参加法会的人，都要在这期间内念够至少五万遍观音儿本尊心咒。法会期间，早、中、晚都有人送奶茶，以保证每个人都能静心持咒。一天要这样不间断地念上十多个小时，以致每次念完，我都觉得特别累。但是自从参加了这个法会后，以后再遇到一天要念十几个小时咒的情况，我都能顺利完成，再也没有当初那种要死要活的感觉。这种专一持咒的修行，我想一定会对我以后修禅定时的“止观双运”有很大帮助。

人们常说“福无双至，祸不单行”，但我却非常幸运地得到了“双福”。在来学院接触宁玛巴的大法之前，我恰好遇到了一位格鲁巴的格西。如果说在喇荣，我找到了人生最终的归宿与修行最终的旨归的话，那么从那位格西那里，我则把格鲁巴严格的修行次第与缜密的闻思风格初步了然于心。记得他当时指示我要先看完宗喀巴大师的《菩提道次第广论》，按照他的指示，我反复阅读了此书，结果一直困扰我的修行次第问题圆满解决了。同时我也知道了怎样把佛法运用在日常生活当中；知道了怎样以对治自己的烦恼来净化内心；还知道了轮回是怎样产生的，要通过怎样的方式才能断除，以得到永恒的快乐……后来我又看了宗喀巴大师对中观的讲解以及阿底峡尊者写的《入二谛》，这时我才算多少了解了一些中观思想。上师又传了我由宗喀巴大师宣讲的，完全是为修行人准备的，讲述如何严守戒律、尊重上师、与金刚道友和睦共处的法门；还传了我如何修出离心、菩提心及空性正见的《三主要道论》，并要求我每天必须念诵。这样行持的结果便是：我的内心越来越平静，即使遇到困难、复杂、不顺利的事情，我也能静心对待。这时的我，才真正体会到佛法的伟大。

当智明讲完的时候，雪不知什么时候已经停了。屋檐下开始滴落像白色水晶念珠一样的颗颗甘露。东台的山顶上重又现出了太阳的圆圆面庞，它放射的暖融融的光明悄悄融入我心，照得我心里亮堂堂的。

推开窗户，猛吸几口清新而又略带寒冷的空气，再放眼远眺，银装素裹的世界在阳光下直刺眼目。过不了几个时辰，这雪就会全部消融的，那时，大地又将恢复它的本来面目……

获得真正的快乐

人类作为所谓的高级动物，我想“高级”之处便应在于我们人类能时刻思维真理。思维归思维，能否获得真理则另当别论。叔本华曾说过：“真理几乎经常是从后门溜进来的，因为它是由于偶尔从某一附带情况中产生的。”不论通过何种渠道得到真理，特别是通过学佛得到最殊胜、最究竟的真理，都值得我羡慕并随喜。

有一次在某个大城市里，我邂逅了毕业于西南交通大学的冯山山女士。她的人生寻真的历程说奇特也不乏平凡，说平凡倒有几分独特之处。我们还是来听一听这位潇洒走过学佛路的当事人自己的坦言吧。

我出生在长白山脚下的一个小村庄里，家中有姐妹、弟弟六人。那时家里很穷，但一家人在浓浓的亲情关怀下，活得特别开心，尤其是我。因我身体较其他姐妹弱，故得到的呵护和偏爱也就最多。以致直到我上高中时，还不会洗衣服，也不会梳头，逼得妈妈没办法，只好剪掉我的长辫子，给我留了个小子头。

也许是姐姐带头带得好，也许是穷人的孩子早当家，我们几个孩子懂事都比较早，从小学到初中再到高中，我都是品学兼优的好学生，是那种特聪明、学习特拔尖的好学生。可以说我完全是在顺境中长大的：在父母眼里，我是令他们骄傲的乖乖女；在同学眼里，我更是令他们又嫉妒又羡慕的榜样。1989年，我终于以优异的成绩考入了西南交通大学电气工程系，自此，我的人生开始了在世人眼里更加光辉灿烂的新篇章！

大学的生活是多姿多彩的，由于课时较松，有许多属于自己的时间，我的很多兴趣和爱好就是在此时培养起来的。

我喜欢跳舞、唱京剧、打球；我也很淘气，爬墙头偷橘子……什么都干，当然最喜欢的还是去报国寺喝茶。一壶开水，一杯茶，听着音乐，看着书，很自在也很舒服。有时同学多了就打牌，一群人高兴到忘乎所以时，便狂呼乱叫，为此经常遭到庙里出家人的呵斥，而我们依然没皮没脸，乐此不疲！

虽然我也曾被誉为班里的“逃课大王”，但在学习上我可从不马虎。我们班有很高的补考率，但补考一直到毕业都与我无缘。

在我担任校学生会女生部长期间，英国首相，号称“铁娘子”的撒切尔夫人的政治生活也正搞得如火如荼。由于我经常与学生会里属于男生的其他部门相抗衡，同学们便给我冠以“交大铁娘子”的称号。那时我是交大几位有名的学生头儿之一，知名度相当高，同学们都认定我将来绝对是一个“女强人”。虽然当时的我根本就没在意，可后来我却真的走上了一条“强人”之路。

西南交大是铁道部直属的高等学院，毕业后，我就被分配到铁道部下属的一家工厂。吃着大锅饭，过着一张报纸看半天的生活，对于我实实在在是一种煎熬。

于是，我于1993年10月毅然决然地奔赴了一个我毫不熟悉的城市——深圳，开始了我的“下海”生涯！

“同是天涯飘零客，受苦受难亦相知。”初到深圳，吃过的苦、受过的罪，与报纸、杂志上报道过的打工妹们大同小异，唯一不同的是，我没有跳过槽。在一家电子公司，我从最基本的做起，一步步往上升，最后做到了销售部经理的位置，工资也由最初的八百元升到了一万多元。由于资格老，在公司里的地位也就只在老板一人之下而已。此时，我的事业可说已取得了初步的成功，生活上也同步奢华起来。现在想起来，那可算是我造业颇多的时候。

1996年，互联网逐渐在国内兴起，一位国外的客户看中了我的能力，遂邀请我去北京，组建其在国内网络公司的市场部。由于我天性喜欢新鲜事物，喜欢创新，再加上他的游说，1996年年底我就辞去了深圳的工作，到北京开始了对一个崭新领域的探索。在北京的这三年，我的工作取得了更大的成绩。由于推出了一系列超前的网络服务，使我们占得了市场先机，加上我们的技术实力，更使我们争取到了多个国家部委及世界银行的贷款项目。我的能力再一次得到了承认，我的人生又一次趋向成功！

然而，此时的我却越来越发觉自己活得很迷茫。此前，我生活的目的是为了让父母过上富足的日子，也为了好好地供弟弟妹妹们读书。现在，弟、妹都已大学毕业且学有所成，姐姐们也都过着很好的生活，父母也丝毫不缺钱花。多年来一直作为家里支柱的我，此时却找不到自己生活的精神支柱。当家人已不太需要我的金钱接济时，我发觉自己的心马上就变得空洞起来。接下来我又该为什么而活着呢？难道就在吃喝享受中度此一生吗？

1999年因生病，我回东北老家疗养，其间认识了一位医生，他是一名佛门弟子。聊天时，他常向我谈及佛法，我亦略感兴趣。后来他劝我去四川，见一见清定大和尚。当然，他于此前曾告诉过我清定大和尚是一位多么了不起的修行人，见一次就能消很多业障，病也许会好转起来，等等。从小到大我就没见过多少出家人，更别说什么大成就者。受了他的鼓动，我突发兴致，游说父亲和姐姐，以陪他们旅游为名，揣着几万块钱就去了四川。幸运的是，我们此行不但见到了清定大和尚，更见到了几位修藏密的大喇嘛。他们的人格魅力深深地打动了我，吸引着我，我开始暗下决心一定要好好研究研究佛法。

回到北京后，我始终无法忘记这次四川之行，每每忆及那些大成就者的音容笑貌，我总是感动得热泪盈眶，尽管说不出任何理由，但那种不是亲人胜似亲人的感觉却时时震撼着我。到了年底，我终于忍耐不住，便与爱人一起辞去了工作，南下成都，开始了一边求学一边求法的修学旅途。至此我才真正成为一名佛弟子。

我所拥有的是令很多人羡慕的：年轻；不缺钱；可以很潇洒地想工作就工作，想学习就学习；没有负担，没有压力……甚至很多人要以我为榜样，像我一样活着。因而对于我学佛，他们都有许多不解：她的一切都那么顺、那么好，干吗又要学佛呢？

在很多人眼里，学佛就等于生活遇到了挫折，就等于厌世！其实，我学佛时间并不长，佛学知识也很有限，但就我这一年多的学习和了解，我认为佛法根本不像很多人想象的那样阴暗、消极，它是积极的，是鼓励入世的。佛教里所提倡的“诸恶莫作，众善奉行”，所推崇的“救苦救难的菩萨道”都在教育每一位佛弟子，走入人群、走入大众，以帮助众生为己任，这难道能说是悲观厌世的说教吗？

且不说佛法在了生脱死方面带给我的极大震撼，就是在现实生活中，它也让我获益匪浅！以前由于紧张的工作而带来的压力，使我脾气很暴躁。通过学佛，我的心开始变得很平和、很调柔，心态也很好。对于生活上的波折，我亦不会慌乱，我会用平常心处理很多事情。另外，我学会了善待别人，对于整日为生活而奔波劳苦的人们，我的心里对他们充满了怜惜。如果我不是因为机遇好、前世种下的善根成熟，我可能也跟他们一样，整日为柴米油盐而折腰了。我的心里不再有仇恨，即使是曾经害我至深的人，我也不恨他。因为佛陀告诉我，所有众生在无始的轮回中都曾做过自己的父母，而且这世上没有无缘无故的爱，也没有无缘无故的恨，要找就从因果上找吧，干吗还要以仇恨对仇恨呢？那岂不是又种下了一颗新的恶的种子？

在这纷繁复杂的、竞争日益激烈的世界里，人们大多在痛苦中挣扎着。穷人苦，富人亦苦，我的经历使我对此深有感触。而此时我的心里却那么怡然、那么快乐，因为有佛法的理论在指导我！我愿用我的快乐去感染周围更多的人，使他们不再麻木，不再被痛苦压迫。

在我的生命里，还有什么比学佛更重要的事情呢？

有些人可能会羡慕冯山山一帆风顺的生活，也有些人知道了她的经历，可能会产生自己也要研究研究佛法的兴趣。我可以告诉大家的是，冯山山自从内心接受了佛法以后，便变得非常开心、快乐。佛法带给人的收益无可言说，单表一点，即使是心情快乐这一项“指标”，都能让人活得更健康、更长寿。莎士比亚就这样说过：“快乐的人活得长久。”如果更进一步地净心学佛、净心行持，则今生来世都能快乐逍遥，一定能像白莲花那样绽开生命最美丽的花朵，把幸福的芬芳带给更多的人。

第四章 人生就是不断地放下

放下一点自私的执著，就会减轻一点痛苦；而放下了全部执著，就会获得最自在的快乐。因为，自私自利的执著，总是与痛苦绑在一起，不离不弃。

放下虚荣、浮躁、贪执

世间人无论从事论文写作或文艺创作，大体出不了分别念的范围。他们以“我”的所思所感为中心，精心营造出一个个在“我”看来是正确、合理、全面的观点，或一篇篇以“我”为背后主脑、叙事主体的作品。这一点恰与佛法的“无我”主张大相径庭。在佛教的中观教义中，对“无我”有明确、究竟的阐释，而这种观点也正在被越来越多的知识分子所接受。究其原因则在于，如果我们真想摆脱轮回束缚的话，不打破牢固的“我见”及“我执”“我所执”，那最终的解脱就了无出期。

如果用中观的推理方法分析的话，则“我”的实有性刹那也不存在。不从理论角度而言，单从实际生活中来看，对“我”的过分贪执也会给我们的生活带来矛盾重重的冲突与局限。在英国曼彻斯特科技大学读医学工程专业的苏琪珑博士，就曾在生活中吃过以自我为中心的亏。

对于心的究竟本来状态而言，当然应该是“本来无一物，何处惹尘埃”。但我想，对学佛粗浅的人来说，特别是对像我这样一个烦恼习气粗大、深重的人而言，还是应当时时拂拭自心，勿使之沾染尘埃为好。一个初入佛门者，甚至一个学佛多年仍断除不了我执与无明的修行人，正应该积极内省、努力除恶，只有把这些有为的修法一点一滴全融入自己的内心后，无为而自在的状态才有可能最终到来。假如一个非上上根基之人也以所谓的“顿悟”为借口，不随时随地纠正自己身、口、意方面诸多的放逸与过错，那他肯定没有打破无明、亲见本来的那一天。

回顾自己这几年来的学佛历程，虽然经历了许多挫折，但与其说是它们在考验我，还不如算作自己的性格使然，正是我的盲目、我执、自大，才使自己看不见自心蒙上的灰尘，才使自己的“贡高我慢”导致自身跌入无明的迷茫大雾中，失去了前进与自省的方向。

想想从前的我，总不知天高地厚，徒恃一贯的蛮劲做事，以靠小聪明得来的业绩为前提，剥夺别人的权益当成自己的方便，强逼他人都要唯我马首是瞻。不论在校园还是工作单位，我都是个态度强硬、立场坚定的自以为是的“领袖”，因为我认为仅以自己个人的能力就能把一切事做到尽善尽美，别的那些智力比较低下的人一定要认同且接受我的支配，因为我是对他们负责且为他们好。如若事情没按我预想的那样进展顺利，我就会强词夺理，尽量将事情掩饰过去，还要力保自己在他人面前的一贯正确形象。渐渐地，许多事情皆得顺从我意，我也就更加目中无人。

现在想来，自己当时的学佛真的仅仅停留在“口头禅”阶段而已，甚至连什么叫“慈悲”都不明白，更谈不上智慧。整天念四弘誓愿，整天唠叨佛学名词，整天批判别人的我执，整天叫嚣同源种性，就是没有一时一刻能想到自己的“自净其意”。所以我想，对一个学佛者而言，恐怕将佛陀的教言融入自己的心，并力争做到言行合一，才是最难也是最紧要的修行目标吧！

就这么在工作、学习甚至佛堂的义务活动中，习惯性地强制别人配合我的思维、工作方式，因而如果有人不满意或发出反对的声音，那这个人可就倒霉了。我将不顾一切地找他辩论，让他知道我的词锋锐利，自此以后不再与我为难。想当初干下的这些不知羞耻之事，对那时的我来说却如家常便饭一般。

痛定思痛，我真是领教到了所知障与浓重的我执对我的恶劣影响。正因为将所有与自己扯上关系的事件都以自我为中心考虑，那么我当然就会认为我的一切都是理所当然正确的，尤其是对年轻于我的朋友们，我更是倚老卖老、盛气凌人。像我这样的一个“傲慢狂”，经常在许多重要的问题上独排众议，语气之强硬实在令人难以忍受。但为了顾全大局，同事、朋友、佛友们只有忍气吞声。直到在一次活动中，我无理干涉一位佛友的计划，令他面临混乱的困境。面对此种情形，历来忍让的他再也容忍不下，就当众声泪俱下地诉说了我的不是。如此激烈的举动，对我不啻为当头棒喝。面对突如其来的反弹，我一时手足无措。尽管后来也口头上向他表示了歉意，但说实话，心里却没有一丝一毫改过的念头。我甚至想，算我倒霉，碰到了这么一个不济的工作伙伴，反正我没错，并不需要向任何人澄清，也没接受他人劝解的必要。

其实师父曾多次向我讲过“你对我错，你好我坏”的道理，但我历来都将之视为和稀泥似的“中庸”之道。我根本就没意识到在六波罗蜜的“忍辱”道中，饱含有“无我”的般若空性慧光，而假如没有了空去自我的智慧，则你所做的一切所谓佛事，从究竟状态而言，还是逃脱不掉有相有为的框框。而“一切有为法，如梦幻泡影”，当然也涵盖了这种造作。回想那阵子，我还把这句话向别人说过无数遍，却从不曾领悟自己实乃一个最好的负面例子，从不曾领悟这句话其实是针对自我意识膨胀的我，而非别人而言的。

如今回想当初，如果我认真改过，认真把佛法落实在自己的行动中，又或者被师父训斥一下，我那假道学的可憎面孔也许会早日卸下。一个学佛的同道遇到如此野蛮的我，恐怕真的会因此而退失道心，因为他碰到的是一个多么背离佛陀圣言的“修行者”啊！不知悔改的我仍自高自大，这样发展的最终结果便是几乎所有的朋友都渐渐离我而去。

我从此开始体味到了那种难言的孤独，但我却仍旧找不出个中原因。无明蒙蔽了我的双眼，最后我变成了独行侠。

最终仅剩下来的一位知心朋友再也无法容忍我对他人无理的态度，他不惜以友情作最后的赌注，厉斥了我的人生准则与行持作风。他劝导我及时检讨，否则终将因内心的傲慢与言语的鲁莽而失去所有的友谊。记得他在信中说道：一个人的言词恶劣，无法让人信服他的心地。修行人在万般努力中，第一门功课就应学会广结善缘。如若与人尽结恶缘，这个修行人还能成就什么事业呢？……

往事真的是不堪回首，幸好对现在的我来说，这些都已成为历史了。当一个人，特别是一个所谓的修行人，最后“修”到孤家寡人之时，除非是愚痴顽固透顶之类的人物，我想无论如何他都要考虑考虑自身存在的问题了。改掉自身的陋习真的不是一件容易的事，光是面对自己就已让我痛苦不堪了，更不用说放下“我”的所有执著了。在与自己痛苦相较量的那些时日里，我总算看清了一个浅显的事实：说和做对许多人而言都是分开的，但如果不能心行如一、自他平等，那一个人的修行就绝无最终成功之理。慢慢地我发现，在我试着学会随缘、学会态度谦和、学会语气温和之后，我与众人的摩擦自然减少，相互之间的亲切感自然增加。到最后，当我相似地学会放下对自我的偏执后，我发现眼前、心中的世界真的明亮了许多。当你能够观想，并近似地尝试、体验万物一体的伟大感觉时，丢掉的小我将化为真正的同体大悲的情怀。

全赖师长朋友们善意地利用佛理的契机，才将我理直气壮、目中无人的恶习纠正过来。这么些年走南闯北、从东到西的经历，让我的感触与体会日渐良多，特别是来到英国之后。在西方，我发现越来越多的人士都在接触、钻研、实修佛法，看来佛陀的智慧之光正在一点一点照亮西方的广阔天地。对于佛法的可行性、究竟性，我相信广大西方人士信受奉行的经历，一定会成为它们最可靠的佐证，这一点只需留待时间去证明。在这种日益高扬的全球学佛热的升温中，我更是希望自己曾经走过的这段弯路会给同行者及后来人提供借鉴与帮助。我真诚希望每一个学佛人都能把佛法的无我观念深植自己的灵魂深处，在拂拭蒙蔽在自性光芒之上的自私自利的行为障垢时，靠着精勤的自我观照、自我反省、自我改进、自我圆满之努力，早日将自己打造成一个崭新的真正的佛教徒。

来日方长，要一步一步从自我做起；时不我待，应一点一滴以自律行进。真心希望，通过每个学佛者的自强不息、自净己意，佛法的慧日能早一天高悬东西方的朗朗晴空之上。

苏博士放下我执的经历对修行人来说具有非常重要的借鉴作用，可惜的是，不知有多少人能真正从中受到启迪，因为很多世人都在以充满自我偏见的文化媒体为吸收人生经验的对境。大量的以分别寻伺所造的论点，鼓动人们贪嗔痴无明妄动的庸俗而浅薄的电视剧，还有消费文化的迅猛流行与泛滥，都把本来就很贫瘠的世人心识引向更浮躁、虚荣、贪执的境地。在这种情况下，佛教的甚深“无我”正见又有多少人能深刻领会呢？

但我始终认为，只要你认真研究了中观，你就一定能接受“无我”的观点，并从中受益，这也是东西方一些知识分子渐渐开始对中观生起定解的根本原因所在。因而我希望大家都能学习学习龙猛菩萨的《中论》、月称论师的《入中论》、寂天菩萨的《入菩萨行论》中的“无我”道理，历史上已有成千上万的修行者依之而走向了解脱。

在一个物欲横流的世间，如果真要在生活中排除烦恼，取得与人共处、与环境共处的和谐，我们必须而且只能接受佛法“无我”甘露的滋润。

追求内在的指引，才能驾驭人生的方向

当今社会的许多人可能把眼光都对准了花园洋房、私家名车，对智慧则置若罔闻。而一旦推究起来，我们不难发现，当痛苦来临时，所有这些外在的奢侈物一样也派不上用场，有时它们反而会成为痛苦的根源。所以新一代具有智慧的人们，真的应该把追求内在的精神之美当作自己最大的渴求，否则即使你财富堆积如山，至多也只能像一只坐在豪华车里不愁吃喝的宠物猫一般，永远也驾驭不了自己人生的方向盘。

这一点，不仅佛陀在其经典中早已多次解说过，即使是普通人在自己的人生经历中也多有体会。比如来自上海的寂洁女士，这位很有知识分子风度又颇有福报的大家闺秀，当她面临生活中的种种不幸时，所有的权势、金钱并没能抵挡住痛苦的一次次侵袭，只有佛法的甘露才能够抚慰她那颗饱受磨难的心。

她在平常的待人接物中就能侃侃而谈，且语多机智，这次也就还是让

她自己现身说法与诸君慢慢道来吧。

我父母是曾留学日本的知识分子，我从小便是在他们“唯有读书高”的影响下，而立下做一个有知识、有学问之人的志向的。可能父母望女成凤心切吧，他们为了保证我能一门心思勇攀知识高峰，便从不让我干任何家务。以致我如今都是年过半百的人了，居然连饭都煮不好，手帕、袜子也不会洗。本来过惯了养尊处优的生活，谁料无常的乌云却不期而至，在我刚迈入中学大门的时候，史无前例的“文化大革命”便爆发了。父母被诬为反动学术权威和汉奸特务，随时都会被传唤、批斗、拷打，身心惨遭迫害的痛楚几乎让人难以承受，以致父亲曾被迫两次自杀。尽管最终都被抢救了过来，但他的胸骨却断了九根，膝盖骨也严重受创。记得那时，我们全家整日都在胆战心惊中惶惶不可终日。

好在乌云总有散去的一天，“文革”后，父母终获平反，我们全家也重见了光明：父亲重新恢复原有职位；大哥也被上海的某个重点大学晋升为教授；最小的哥哥作为研究心血管的国内权威，以博士后的身份前往美国；因“文革”而中断求学的我，也被上海工程技术大学技术管理系录取。人们常说学好数理化，走遍天下都不怕。我也同样，在大学这个知识宝库中，我更是分秒必争，努力掌握更多更新的专业知识。毕业后，由于我的勤恳努力，使我的工作业绩一直受到各方面赞许，1992 年我更被中科院聘请为客座研究员。此时，应该说我们全家人都处在各自生活事业的巅峰状态，为尽孝心，小哥还将父母接到美国定居，同时也在为我办理出国手续。

正当一切都在顺利向前发展时，我们这个备受外人羡慕的家庭却突然再次遭遇变故。本该安享晚年的父母，孰料双双陷入病痛的严重折磨：父亲因腿骨在“文革”中受伤而长期体弱无力，1995年，在一次不小心摔跤后便再也爬不起来而长年卧床；雪上加霜的是，母亲也因常年饱受折磨，精神状态一直不好，到国外后突然犯病，精神恍惚，最后被确诊为老年痴呆症。我的小哥哥，作为在自己的专业领域颇有影响的权威，面对自己母亲的症状，却一点办法也拿不出来，无奈之中只好把二老护送回国。我记忆当中永远都抹不去父母回国后在家中经常发生的这一幕：由于母亲回国后病情越来越严重，以致每次小哥站在母亲眼前，母亲却始终认不出他是谁！母子相见却无法相认，小哥每次都只能含泪而别。这真是对小哥一直笃信的现代医学的莫大讽刺。就在这样的难堪折磨下，父亲终因过度伤感、心灰意冷而于1998年去世。最让我难过的是，父亲在临终前也跟母亲一样，神志不清、颠倒错乱。当时的我几乎要被父母的病彻底压垮，对他们的种种疾苦，我心如刀割却一筹莫展。

就在父亲摔伤后的1995年，我也患了一场大病，查不清原因，但全身上下的疼痛有时让我简直难以支撑。我爱人陪着我奔波于各大医疗单位之间，但几乎所有的医生都说治不了我这种怪病，最后我只好求到了一位名医门下。坦率地说，我的身体确实在逐渐恢复，但我内心的各种痛苦和烦恼却与日俱增，丝毫也没有因名医的治疗而得以些微改善。我始终在想，父母这辈子经常行善，为何会落得如此结局？我自己学的 X、Y 以及光子、电子都无法解开我心中的迷惑。为什么？为什么？巨大的困惑使我不得不从科学以外去寻找答案，如果科学能解决人生的烦恼、不如意、痛苦、备受欲望煎熬的话，那小哥也不会每次见到母亲都以泪洗面了。

一个偶然的机会，我见到了一本介绍雪域色达喇荣佛学院的书，一打开封面，里面的内容便深深地吸引了我，我用了两三天的工夫便一口气把它读完了。也许是久旱的田地太需要雨露来滋润了，我觉得书中所说十分契合我，当时就决定非要亲临这个学院看一看不可。刚下定这个决心没几天，因缘就成熟了。我遇到了学院的一位比丘尼，并跟着她于 1999 年 6 月首次踏上西藏这块神秘的土地。

记得刚到学院时，我的凡夫习气是那样厚重，什么也不懂，还特别贡高我慢，整天以挑剔的目光打量着学院的一切。由于生活不能自理，光袜子我就带了二十双，穿脏了就扔……即使是这样，这初入学院的一个多月还是让我大获收益。在上师三宝不可思议的摄持下，我渐渐开始从无到有，重新确认了人生的价值和意义所在，并皈依了金刚上师。这一个月让我多年来一直迷惑不解的 X 终于摸到了解答的门径：万事万物皆有因果。让我感触最深的是，曾经引以为傲的父母的知识学问，在无常的业力面前顷刻化为乌有；曾经留恋不舍的温馨家庭情怀，在时间的流逝、空间的隔阂面前却显得如此无能为力；我的痛苦烦恼皆因我执贪念而起，而再大再多的贪执在“诸行无常”的铁定律则面前，只会让人感到它们是那么愚不可及；

一点点微弱的让我们每个人都孜孜以求的幸福，总是要被淹没在轮回不已的循环海洋里；你视若生命的地位也总会被源源不断的觊觎者窃取，秦始皇递三世而至万世可为君的梦想也只能被历史当作笑柄……一边听堪布讲《入菩萨行论》，我一边就在想，像哥哥那样以名利钱财来孝养父母，但母亲却不识亲生儿子，父亲临终时又昏迷不醒，这种孝养能让他们生起真正的快乐吗？

从学院回家后，我的精神面貌发生了很大的改观，对工作、钱财还有什么研究员我都不再执著，也不再生起丝毫欢喜心，我一门心思就想多深入佛法。我的改变也震动了我的丈夫、儿子以及亲朋好友们，刚开始他们多少都有些不解。我告诉他们，人虽有高低贵贱之别，但因果面前人人平等，快乐和痛苦决不会因贫富而分差别。人人都希求快乐，但得到快乐的方法却有多种，就看你自己如何抉择了。任何人都取代不了他人的痛苦和烦恼，正如《国际歌》中唱的："从来就没有什么救世主，也不靠神仙皇帝。"但我相信，依靠自己的努力，再加上佛陀的引导、教育，从他开示的八万四千法门中选择最适合我们根基的一个去实地修行，我们一定可以最终获得快乐的自由生存境界。

现在，在我的带动下，我们全家都皈依了佛门。

学院一个月的闻法让我对这儿生起了巨大的信心，于是，2000 年 9 月我又第二次入藏，并且一直待到现在。刚好这一阶段正遇上师传讲甚深的般若空性法门，殊胜的缘起性空理论让一个像我这样的迟到的佛子恨不能一身分成二用。我那几乎一穷二白的佛学基础，如果再不靠勇猛精进而加以弥补、提高的话，那我这后半生要靠什么才能了生脱死呢？为此目的，我愿舍弃世间一切名闻利养。大哥希望我念及兄妹之情帮他打理几家高科技公司，朋友们甚至把印有“董事长”头衔的名片都给我准备好了。但我不需要这些，我要的是永恒的安乐！我要能主宰生死！我要能完全驾驭命运！我不想被惯性的生活牵着走一辈子。

我愿在学院大悲恩师的足下将闻思修圆满！我愿将我的一切功德和善根都回向给一切众生。

我知道寂洁在上海的条件是很优越的，所以我有时不免感叹道，她能待在偏远的藏地，在她的小木屋里安住修行真是不可思议。不过自古以来，佛法就感召了许多精英豪杰甘愿为之付出一切，这其中我们不难看出佛法本具的巨大魅力与价值。

而在当今的芸芸众生中，有那么多的无可奈何者处在苦难当中，但在他们中间，有几人想到过去吸收哪怕是佛法的一点点营养以扫除自己的身心疾苦呢？其实仅依靠佛法的一线光亮就足以照亮他们的晦暗人生了，然而又有多少人了知这一点呢？

真正的智慧

在佛学院常住的汉僧大概都还记得这么一件事：2000年年末，学院金刚降魔洲佛法高级班举行七部大论的考试，有位女士专门从加拿大飞回来参加，她就是明兰。当七个月前宣布要举行这次考试时，她正在学院闻思。听到这个消息，她非常遗憾地对我说，她不可能在这儿待七个月，因俗世的事情太牵累人。但她将回到加拿大好好复习，等到考试时请务必通知她，她无论如何也要赶回来参加。这段因缘便促成了上文所讲的那次“壮举”。考试结果一公布，明兰的成绩非常优异。

明兰应该算是在佛学院学佛的人当中比较富裕的一个了。我记得1996年时，她就已经成为北京一万三千家外企中正式受聘的“首席代表”里月薪最高的几位拔尖人物之一，而且又是罕有的一位女代表。在这个时代，能如此勤勉精进于佛法的富人实属罕见。

2001年7月份，我们一行几人坐车从康定返回学院。途经二郎山那长长的并不怎么明亮的隧道时，我忽然产生了一个念头，何不听她讲讲她学佛的热忱是从何而来的呢？这种热忱与世间富贵生活的吸引之间，从长远来看，到底何者更能使她最终获得安宁与快乐？当时恰好她的女儿也在场，她也一个劲地催促妈妈快讲。于是明兰便以聊天的方式，宣说了她迄今为止在人世间的事业概况与学佛历程。

人常说“富贵学佛难”，那意思是说处在富贵当中，人们往往因贪恋既得利益而很难甚或无法对世间生活生起出离心。这话用在别人身上也许倒很贴切，想想看，一个百万富翁有了百万家产，你能保证他对千万的生活不羡慕吗？这一羡慕不要紧，那就向千万富翁迈进吧！等到好不容易挤进千万富翁的行列，好嘛，你再看看，这世上又有多少个亿万富翁呀！隔壁别墅里的张老板就开着两三辆凯迪拉克和加长林肯呢！不行，我得再向亿万富翁前进！一咬牙，得，这人就像离弦的箭一样，直扑新的更上一层楼的目标去了。人就是这样，被欲望鼓起来的风帆，不“直挂云帆济沧海”，那是绝不会自我泄气掉的。欲望就像一个布满钞票与美酒的陷阱，你一旦跌下去，喝得晕晕地数着钞票，你还能想到要自拔出来吗？

故曰：“富贵学佛难！”我身边的富翁们也有不少家中供着观世音菩萨及各路财神，从赵公明元帅到关公，从白财神到黑财神，他们口中确也整天喃喃念着“阿弥陀佛”。这时，如果你告诉他：“不好了，你买的股票跌惨了！”十有八九，他们会扔下手中的念珠，立刻脸色铁青地直扑电脑跟前，一阵骂娘的脏话与一连串的手机联络后，末了，你也有可能听到他们说："阿弥陀佛、观音娘娘，这次你们要是保佑我渡过难关，我一定把家里的佛像从18K金换成24K金。我还要给你们戴上钻石戒指，南非的钻石！"

这并不是我有意编排的闹剧，而是确实发生在我周围的事实。如果说是闹剧，那也是由我的这些"富友"亲自上演的一幕滑稽戏，只不过当事人意识不到自己的丑态而已。说到我自己，我当然并非亿万富翁，不过与时下大多数人的生活相比还算相当富裕，故而也把自己忝列富贵之列。但我却从自己一帆风顺的生活当中，感受不到丝毫功成名就的快感与满足。在日日与富翁为伴的生活中，在天天与各色人等打交道的过程里，在往来世界各地的奔波中，我看够了繁华背后的冷漠与奸诈；微笑背后掩藏的阴谋与算计；觥筹交错中，多少生命被吞下大腹便便的肚里；一张张钞票背后无数人的贫贱与哭泣……因而我总觉得在这个几乎是用金钱堆就的世界里，一把火烧尽这些表象的金光灿灿后，这个世界还能留给我们些什么？当我们用尽全部心血把自己的生命建筑在纸币叠成的"事业"上，并最终耗尽生命的最后一滴油时，这生命之灯的熄灭可否带来我们灵魂的安息？那时你是否要把这些纸币、这些人印在纸上的数字也一同带进坟墓里？透过富贵的浮沫，有一天，我在生命最本质的层面上终于抓住了一样东西——佛法。从此以后，我才觉得这个世界、这个世界上的我的存在，被赋予了原本就存在，只因我们的过度愚痴以致被淹没了很久的意义。

我的成长可算是顺利、风光的典型，学佛后我才明白这些都是宿世善根成熟的果报，因而现在在“消费”这些福报时，我也就格外小心、警惕。

刚一进入小学，非常幸运的是，我就碰到了一位朴实、正直的老师，她把“学雷锋”这几个字深植在我幼小心灵的深处，使我终生都能把“为人民服务”当成座右铭。七岁半时，作为辽宁省所有小学生的唯一代表，我参加了辽宁省第十五次教育战线的“讲用会”。后来又一路领先，考入沈阳市的重点中学。最后，由于出生在一个药学世家的缘故，我又不负众望地考入了现在已更名为“中国北方药科大学”的这所重点高校，并选择了制药专业。毕业后的工作情况则又应验了那句老话——芝麻开花节节高。先是在 1991 年时，担任东北制药集团国家“八五”规划项目的技术翻译，在考察德国、意大利、法国、西班牙、美国、英国等西方国家的过程中，邂逅了在西班牙度假的著名美籍华人靳羽西女士和她当美国议员的丈夫。在了解了我的翻译水平后，他们夫妇俩一再鼓励我：“一定要去美国！一定要去美国！”

那时候我正处于事业的上升阶段，也跟大多数做着事业、发财、名利美梦的人一样，哪里想到过什么佛法、什么出离的念头。受了他们的鼓动，我后来辞去了公职，开始了转战南北、驰骋东西各国的“个人发家创业史”：1992 年任德国美康速公司中方首席代表；1993 年任香港三江公司首席代表；1995 年任第四届世界妇女大会非政府论坛代表；1996 年任葡萄牙世界银行中国首席代表；1997 年任德国柏林化学股份公司北京办事处首席代表……

也就是在这种迈向巅峰状态的生活、事业过程中，我的心却随着日渐到来的名誉、地位、金钱反而渐渐空虚起来。特别是移民加拿大后，住在自己的别墅中，一旦从工作当中稍微抽出点儿清闲时间，原本非常难得的闲暇时光，在我却成了一种摆脱不去的重负：越是有空闲时间，我越是感到自己生活得极度空虚。我不知道自己这样忙碌究竟为了什么。为了钱吗？我可不想像有些人那样，一辈子被钱役使。不为了钱，我生活的根基又在哪里呢？为了事业吗？我现在是越发觉得“事业”二字可笑了。有谁会在心底为我明兰事业的成功而喝彩呢？而且这种事业与我从小就抱定的“为人民服务”的宗旨，于这个世界到底又有多大价值呢？有时与那帮阔太太到俱乐部消遣消遣，我发现她们在一个下午的喝茶时间里，能几个小时地谈论你衣服上的一道花边。而太太们的丈夫、先生们个个又都是一副正人君子的模样，每人的领带都纹丝不乱、衣服都纤尘不染。他们谈到的话题永远都是政治与金钱这两大块。不过，如果你要让他们为非洲儿童捐上一美元，他们都会极为认真地花几千块钱先坐飞机飞到那里，然后戴上防毒、防传染病的手套，摸一摸一个非洲儿童的脸，再照张相，巡视巡视一个村庄，再掸掉皮鞋上的灰，然后坐上飞机回来。写上一份几千字的调查报告，再举行一个新闻记者发布会，最后面对摄影机镜头宣布：“我为非洲儿童捐款一美元！”

我真的是有些厌倦了！生意场上的尔虞我诈已是世人公开的秘密，要不何来“无商不奸”呢？沉浮商海日久，接触到一些平日里看着温文尔雅的公众人物，但他们背后的阴暗面，真让人不寒而栗。商场上泡得久了，自己的心有时竟到了麻木不仁的境地。记得有一回与女儿一起赴一个大规模、高层次的宴会，当满座的中外宾客纷纷把筷子、刀叉伸向饭桌上一盘盘尚在酒精的燃烧火焰里挣扎着的醉虾时，我也毫不犹豫地把筷子对准一只正拼命往外爬的大虾，谁料女儿却在一旁大哭起来。尴尬的我怎么软硬兼施也无济于事，只好把她带到卫生间。一问才知，女儿是觉得那些虾太疼了！

我这才意识到我的感觉已被铜臭气熏得太迟钝了。

也就是在这种种的身心疲惫、困顿、空虚之中，我才开始认真思考起我的人生。记得当初因家里是中医世家，故而多少熏陶得我对传统文化也有些偏爱。正是在接触古代医学理论的过程中，我零星地摸到了一些佛法的皮毛。但那时年少气盛、对未来充满了狂热妄想的我，是无论如何也不会想到把佛法当成生命支柱的。大约在 1995 年的时候，可能多半是出于好奇吧，我在河北遇见了柏林禅寺的一位法师，当时他专门给我开示过一段话，可那时的我又哪里能领会到其中深义，现在我才算多多少少回过点儿味来了。记得当时老人家说：“心识敏快并非长处，就像一个钟摆的功能并不在于它的快速一样。”当时我曾问师父：“那钟摆的意义又何在呢？”几年过后，被自己的贪欲这根弦上紧了的我，在快速地摆荡于名利之间终感疲顿后，才总算明白过来，钟摆的功能是在时刻提醒你生命之钟的意义所在啊！

从此我便开始留心佛法。但由于未能遇上具缘上师，故而我对佛法的甚深理论几乎是一窍不通。但“诸恶莫作，众善奉行”的道理，我想还是应该尝试尝试吧。故而这些年来一直瞪大双眼攫取金钱的我，也开始学着放钱、学着布施了。我想从自己最执著的环节下手，看看佛教说的放下身心世界后的通身自在是不是真的。如果放下钱财就能得到轻安与快乐，那么佛教揭示的五欲声色染污自性清净，六识起心造境、妄为分别，并执为枷锁的教义就应该是真理了。

于是，这些年来，我先后捐资给北京松堂临终关怀医院、兰州麻风病院、拉萨孤儿院、北京儿童基金会及虚云禅林之“慧日楼”、中国佛学院之教学楼等机构部门及寺院。

在这样发心的同时，我可以把我做这些事情时的真实感受告诉给每一位朋友：那真是一种身心通泰的畅快！因为你把钱用在了最能发挥作用的地方；因为从别人感激的目光中，你能体会到心心相印的真诚；因为你第一次当了钱的主人;因为你可以借此体会到“舍得”二字的真义:舍去枷锁，得到自在与快乐。

在学佛的路上我就这么边摸索边前进，而在2000年6月时，我的生活却遇到了几乎难以跨越的障碍。要在平时，我早就烦躁不安了，或者用世间法去“以牙还牙”了。不过已受了几年佛法滋润的我，此次想到的第一个念头便是再回中国的五台山去，到文殊菩萨的清净道场上去静思反省一下。

结果，这个决定后来被证实为是我这一生中最正确的一次幸运抉择。因为在五台山，一个偶然的机会里，我看到了有关色达喇荣佛学院的一套明信片。其中有一张上面印着一位名叫晋美彭措的法王的相片。一看到这张法相，我的内心就像受到了一种极强烈的震撼，眼泪怎么也止不住地哗哗往下淌。我并不是一个易动感情的人，而且也从不轻易相信所谓的神通感应，我始终觉得学佛应该是一件很平易的事。但就在面对这张非常平易的相片时，我的内心却掀起了一点儿也不平易的波澜。我急切地翻过明信片，我想后面一定会有与这位老人有关的话语。果不然，背后工工整整地印着他老人家非常欣赏的两句古德法语："亏损失败自取受，利益胜利奉献他。"

我终于明白我流泪的原因了。不可思议的缘分让我在一段极压抑的时光里，遇到了照亮我未来人生道路的根本导师。在往后的日子里，上师，还有这两句偈子，就像一把手术刀，在我的心灵深处一点一滴地解剖着我的私心、我的贪执、我的愚痴。这种毫不留情的解剖，让我渐渐地下定决心一定要摧毁灭尽那挣扎、喘息、翻腾了几十年的"自我"。

再后来的日子便是在加拿大与学院之间来回飞渡的。自从认识了法王、了解了学院，我发现自己的心境有了非常明显的改变，特别是对上师的无限恩德体会得更加深刻。这种欣喜、庆快，让我总想把一句古诗改头换面一番：同是窗前梅花放，别有净月便不同。今生能沐浴在上师的清辉里，难道还会有比这更令人心旷神怡之事吗？

我现在已有了出家修行的念头。不过许多大法师都劝我说“佛法不离世间觉”，他们可能觉得我在现阶段以在家身份能更好地弘法利生吧。我想这一切还是随缘吧，但我实在不想再在五欲翻滚的世间油锅中虚度光阴了。许多人可能会羡慕我的世间生活，但我最羡慕的却是像上师那样，过一种自利利他、自觉觉他、自度度他的充满佛教慈悲、智慧情怀的生活。在我看来，不信佛法的人倒有可能是这世上非常可怜的一群人。我们可以没有钱，可以没有权，可以居无定所，可以食不果腹，但就是不能没有智慧！愚痴才是这世上最可怕的犯罪！

让我们都来羡慕智慧吧，并且最好都能追求佛法的智慧。如果这世上能有一轮慧日终日亮堂堂地普照一切，那我们何愁人间还会有黑暗？在佛学院近万人的僧团中，我经常会看见一些五六十岁才出家的汉族比丘尼，心态平和而快乐地领取学院每月发给她们的八十元汉僧生活补贴。每每看到这种景象，我的心里就悄悄地涌起一股暖流。但愿有一天，上师能给我剃度的想法不会再是一个梦想。

为了梦想实现的那一天，我还要继续跋涉在这光明而艰难的旅途上。

车子快要接近泸定时，明兰也结束了她的叙述。看到一车人微微都有些困意，我便打开车窗，让江风徐徐吹进来。远处的江面上，残阳如火，烧得一江都红彤彤的。想起明兰在旅居国外期间，依然善心不退，又是在边远地区创办救助失学儿童的小学，又是为五台山佛学院兴建电化教学设施，同时还能闻思正法且保持正知正见，这些对于一个拖家带口的女士来说确非易事。

正想到这里，明兰又一次悄悄问我："堪布，我还是想出家。到学院后可不可以明天就给我落发？"对她的要求，我一点儿也不陌生，因一两年前，她就萌生过这个念头了。正要回答她时，她那个可爱的小女儿却着急了。小孩子一个劲儿地向我使眼色，又是摆手，又是摇头。看着她那着急的样子，我不禁失声笑了出来："怎么，舍不得妈妈吗？""小朋友都有妈妈，要是妈妈留在这儿出家，我一个人回到加拿大生活得多困难呀！没人管我，没人给我梳小辫，您可千万别开许呀！"可能是受妈妈学佛的影响吧，小小孩子竟会用"开许"二字。她见我还在笑，就更加起劲地对我说："您暂时别开许，行吗？我在加拿大也学佛，等我长大了、学成了，请您到加拿大弘法，那时我一定会同意妈妈出家，行不行呀？我想我们完全有这个能力，我们全家原先就打算在法王已去过并赞叹过的夏日亲城里建立一个密宗道场呢。怎么样，堪布？"看着她的紧张样，我一时不知该说什么好。恰在此时，横亘在江面上的泸定桥出现在了众人眼前。大家的注意力全都被它吸引走了，我也只好暂时放下这段因缘。不过我想，也许有一天，这样的缘起会真的得到实现……

追寻心灵的归宿

今天是农历六月初四，1962年的今天我来到了这个世界上。听母亲讲，那天的天气格外晴朗，阳光是亮丽的，天空蓝得透明，朵朵白云在家乡的帐篷顶上悠闲地飘荡。时不时地，空气中还传来周围牧民诵经念咒的声响。当我坐在学院的花园里，任思绪去捡起这么多年来所走过的风雨人生的一鳞半爪时，母亲和蔼的微笑、家乡的蓝天白云，还有佛法的点点甘露，这些我恐怕一生都忘不了的印迹，又重新浮现在脑海里。我想即使是我奔赴天涯海角，这些景致也都会永远陪伴我的。

听说汉地的许多地方为庆贺我的生日，今天都举行了各式各样的放生活动，对此我表示深深的谢意。不仅现在，将来乃至后世，在这个世界上，如果有想纪念我的人，他们在六月初四放生的话，我都会永远感激他们。

正思量时，就见彭措拉姆带了一大帮她的那些大学时的朋友向我这里走来。彭措拉姆已多次来过藏地了，刚开始时是跟着别人，后来是让很多人跟着她，而且追随者越来越多。这个毕业于西南财经大学经济学专业的才女，不仅有经济师及注册评估师的职称，而且还是著名作曲家罗念一创办的格桑拉女子合唱团的合唱队员。听说她在某个经济电台听众热线节目担任客座主持时，也深受广大听众的喜爱……

“堪布，生日快乐！”人还未到，彭措拉姆的声音就已先传了过来。看着她与伙伴们叽叽喳喳的欢快样子，我想何不借此机会让彭措拉姆给我，特别是给她这次带进来的这批朋友讲讲她的学佛缘起呢？这个在世间社会中风风火火的成功女士的学佛之道，应该对她的朋友们不无裨益吧。

我的童年既是幸运的也是不幸的。

不到两岁，我就随着父亲住进了那个年代特有的牛棚，吃的是玉米饼、咸菜疙瘩，睡的是铺在水泥地上的草席。没有小伙伴陪我嬉戏，更没有五花八门的各式玩具。整日游荡在一群学识渊博的叔叔中间。刚听完达·芬奇画蛋，又缠着他们讲曹冲称象；一会儿想象自己是弹奏《月光奏鸣曲》的盲女，一会儿又猜想“红于二月花”的“霜叶”究竟长的什么样。

因为家庭的良好熏陶，我没有荒废我的读书时光，每次都以轻松的姿态跨过一个个考试难关，这才为我赢得了现在稳定而令人羡慕的工作。我仿佛格林笔下穿着水晶鞋的灰姑娘一样过着公主般的生活，整日出入酒吧、饭店、卡拉OK厅、美容院、时装展等场所，拥有上百套的各式时装，CHANEL、Dior等几百乃至上千元一瓶的世界顶级香水、化妆品也常常因为过期而挥发浪费掉。

春天，我徜徉在新加坡圣陶沙的丛林里；夏天，我从韩国济州岛的海边踏浪而归；秋天，我漫步巴黎塞纳河畔，回想着雨果于《悲惨世界》中描述的冉·阿让可悲可叹的一生；冬天，我陶醉于奥地利首都维也纳音乐厅里《蓝色多瑙河》的优美旋律中，过着自认为高雅而有品位的生活。

这是一个资讯发达、信息爆炸的年代，一切都讲究金钱、效率：文学作品用的是网络语言；朋友之间的交流通过E-mail；情人的打情骂俏也以电话为媒介；同一单元楼的邻居鸡犬之声相闻，却老死不相往来……人与人之间缺乏深层次的沟通，处处防范、战战兢兢、互相算计、尔虞我诈，大家都这么时髦而病态地活着。眼见周围的同事朋友有的精神失常，有的甚至自杀。

曾经大声地宣布“这是一个美丽动人的世界，一切的悲哀，离我们是那么的遥远而不着边际啊”的女作家三毛，用一条丝袜结束了曾给人们带来无数浪漫幻想的生命；而于山海关卧轨自杀的海子也曾留下过“活在这珍贵的人间，人类和植物一样幸福……”的思考；大洋彼岸又传来了诗人顾城杀妻自尽的噩耗，他曾在诗中充满激情地写道：“我赞美世界，用蜜蜂的歌、蝴蝶的舞，和花朵的诗。”……

他们的死深深地刺伤了我，因我曾将他们作为自己思想行为的楷模，以为这些偶像能将我引向幸福的伊甸园。然而事实告诉我，花前月下、诗情画意并不能解决灵魂深处的惶恐，幸福不是永恒的。物质生活的极大幸福并不等于精神上的快乐和满足，一味地追求物质生活的享受只能让我面临更大的困惑。

在德国的科隆大教堂，在威尼斯的圣马可大教堂……看到那些虔诚的人跪倒于耶稣脚下，我也开始对灵魂和精神的问题进行深深的思索。科学极端发达的西方人也离不开宗教的精神支撑，著名科学家爱因斯坦也“晚节不保”成为佛教的信仰者。宗教可以解决科学所不能解决的精神上的空虚，使一个灵魂变得更加坚强完美的只有信仰。

大街小巷都放着郑钧的《回到拉萨》:“雪山、青草，美丽的喇嘛庙……”随着歌声，我也跟着朋友去了位于藏地的色达，见到了碧蓝如洗的天空、辽阔无垠的草原，以及阳光下生活单纯而幸福的人们。

当我来到色达喇荣佛学院时，看到遍布山野的修行人的小木屋，我惊呆了。难以想象在人烟稀少的高原深处，竟有如此之多的修行人，而且其中为数不少的人来自于生活条件优越的汉地。

僧侣们的诵经声震撼着我，世间难以计数的美妙音乐从无如此韵致。它们清悦如天籁之梵音，荡涤了纷扬的污秽尘埃，淹没了功名利禄的喧嚣，使我躁动不安的心灵得到安宁与静谧。

通过与僧侣们的交谈，我了解到世上还有修行这样一种生活方式，平淡而又丰富多彩，单调而又其乐无穷。也了解到学院院长晋美彭措法王是一位了不起的大成就者，他的智慧和品德感召了各路精英云集于此潜心修行，使学院于短短的十几年间规模不断扩大，成为迄今为止世界上最大的佛学院。

短暂的旅程结束了，我的心却留在了高原。

不顾亲友的劝阻，我背负行囊一次又一次独自来到为之魂牵梦绕的色达。那些隐藏在暗红色僧袍下的多姿多彩的故事深深地打动了我；修行人们不以物喜、不以己悲的境界，恬静安详而且神秘的生活吸引了我；法王及堪布活佛们风趣的语言、深邃的智慧、高尚的品德、殷切的关怀、和蔼的笑容更使我倾倒。记得多年前，每当读到吴均的“鸢飞戾天者，望峰息心，经纶世务者，窥谷忘返”时，总忍不住要掩卷感慨。而今，“苔痕上阶绿，草色入帘青”的生活却如同一个久远的梦从我的记忆深处被唤醒。

我成为了一名佛弟子，并学会了诵经，而且还开始攻读以前自认为枯燥无味的佛学书籍。其实佛祖释迦牟尼正是因为世事无常、轮回痛苦才舍弃王位，不畏艰难，孜孜不倦地去追求真理的。佛在证悟实相后，又四十九年如一日地把自己的所得化为八万四千法门去度化每一个有缘众生。上师们也以“智不住三有，悲不住涅槃”的无缘大悲心，为使无边有情脱离轮回、获得解脱而应机施教，不辞辛劳。上师和佛祖的慈悲胸怀使我明白，要摆脱现实生活的无奈，修行是唯一最究竟的途径。特别是当我看到关于般若空性的理论时，茅塞顿开，豁然开朗，多年来建立的世界观和价值观一下被打碎。佛学理论给了我无穷的想象空间，解答了我心中一个又一个疑惑，更使我的信心与日俱增。

反思过去，我为自己的愚昧而感叹；旁观周围，我为别人的执著而悲哀。我多么想把自己的发现告诉大家：现实如同镜花水月，忙忙碌碌、恩恩怨怨，只能徒增烦恼、于事无补，并受制于业力的牵引。而我于佛学知识的海洋中欣喜若狂、如饥似渴地吮吸着养分，全然不知身之所在。

社交场所没有了我的踪影，我的突变引起了别人的猜测。当朋友们重新接近我时，发现我开始变得豁达坦然、知足少欲。其实是佛学理论使我重新定位好人生坐标，而每当我在实际生活中遇到难题，感觉山穷水尽疑无路时，还是佛法又让我柳暗花明又一村。于是我的佛教书籍常常被人借走，而当我再进高原时已不是孤身一人，总有一大帮朋友追随。我的朋友们也被上师的智慧和慈悲所倾倒，有的皈依佛门，有的写下一篇篇与佛教有关的文学作品。

有时也要面对另一些人的不解，每当此时，我就深感自己的知识匮乏，人格有缺陷。我多么希望度化众生事业如海的上师那无边的智慧，也能融入自己的心，使我也能给饱受热恼之苦的芸芸众生带来一丝清凉的慰藉。我正朝着这个目标努力着。

最后，我想告诉大家，修行的道路是崎岖而漫长的，但收获却是妙不可言的。如人饮水，冷暖自知，只有亲自尝一尝梨了，才知道梨了的甘甜。

彭措拉姆的故事让我感慨良多。如今的她正为获取人生的真理而孜孜不倦地精进修持着佛法，这一点确实值得感叹、随喜。记得黑格尔说过："真理诚然是一个崇高的字眼，然而更是一桩崇高的业绩。如果人的心灵与情感依然健康，则其心潮必将为之激荡不已。”

今天收到那么多的生日祝贺，而她的这份礼物尤为别致。很感激她的讲述，让我在这样一个既平常又不平常的日子里，得以听到一个学佛者的心声，并得以预见到，更多的人将会因这心声的传递而共同踏上追寻心灵归宿的路途。

正寻思间，猛然发现太阳已开始西落了。朵朵云彩此时汇归为天边无际的壮丽晚霞，整个天地都笼罩在一种庄严、肃穆的灿烂霞光中。金黄、橘红的光线，把我、彭措拉姆、她的朋友们、花园、草地、远山……全都带入了一片静谧的氛围中。

就让我们此刻把身心全都消融在这清净寥廓的天地之中吧……

精神的力量

浩瀚无边的宇宙，天上有星星无数，地上有鲜花无数。天地之间，思想家、科学家、文学家无数，佛学家也无数。我本人可能是因为前世的缘分吧，从小就喜欢佛法。闻思日久，就更觉得它能解决众生所有关于今生来世的疑惑、烦恼，也能详细说明从空性到显现的一切万法。以短暂而难得的人生，我愿世世修行佛法，徜徉在佛法的海洋里。每当这个时候，我就想到我的上师，因而我就更加感激把我带入这个美妙世界的大恩根本上师——法王如意宝晋美彭措，因这一切全是法王的慈悲摄受所致。有时待在空无一人的房子里，我就会想，如果没有上师的摄受，那我可能还会跟很多我的同龄人一样，沉迷在一个没有任何实义的世界里造作不休。所以，当我拥有今天的精神力量时，我更是要生生世世都牢记根本上师的恩德。

而在我所接触到的知识分子当中，也有许多是通过上师三宝的加持才了解到佛教的奥义的。比如我所认识的慧日，这位毕业于某省委党校的才子，不仅写得一手好文章，而且还精通摄影，现在正在攻读研究生。记得当初在成都时，我就看过他写的文章，还曾赞叹过他。这次我又遇到了他，并问起了他的学佛经历。在听了他的讲述后，我在他的原话基础上又增加了一些我的分别念。现在就将这篇“混合体”一并奉献给有缘人，如果你能从中获得一点收益，那也可算是这个名叫慧日的摄影家对佛法做出的一份新贡献吧。

感谢内心永远的好奇，让我对从未了解过的新事物不是排斥、妄下断语，而是愿意真心靠近去心领神会。正是靠着这种与生俱来的禀性，我才得以有缘认识佛教，并进而决定与之终生相依。

有一年，我参加了一个摄影专题比赛。鬼使神差，最终我竟然把我并不了解的成都文殊院当作了我的创作点。记得那是一个平常夏日的清晨，我很早便来到了庙里，结果发现到那里烧香的人们去得更早。后来才知道，那天是观音菩萨的生日。

拍完大庙，还觉得不过瘾，我又直奔六十里外的古镇黄龙溪。不大的古镇，镇头镇尾的寺庙却有三个。混在排队烧香许愿的人群里，我又拍了不少照片。

等照片洗出来细细看过几遍后，我发现花花绿绿的人群中，夹杂在一大堆年轻面孔中的白发者格外显眼。后来听人介绍，每年春节，为烧正月初一“头炷香”的人们，总是争先恐后拥入寺庙。那香炉整日都是红彤彤的，消防车片刻也不敢离去。在这拥挤的人流中，年轻人占了绝大多数。但那时我的注意力并没有放在他们身上，我想就像我为了某种猎奇、神秘的心态等因素而去拍摄寺庙一样，这帮同龄人恐怕也并非出自真诚信仰吧。这样，我便把好奇的目光对准了这些白发人。这可能就是我与佛教的初次结缘吧。

老年人当中的婆婆们最终占据了我的镜头焦点。这些儿女早已长大成人的婆婆，长年游走在名山与小庙之间。她们中的一些人会选择适合自己的小庙住下，并最终在晨钟暮鼓的氛围中安度余生。那时我只知道她们被称作“居士”，对于这些居士心灵深处的东西我并不了解。随着对取景框内呈现出的她们平凡而淡然的人生的关注，我渐渐发现，居士们在一起的生活总是充满了互相关爱，而且与社会上那些整天搓着保龄球、提笼架鸟、通宵玩麻将，或日日泡在孙子、孙女们的尿布中的老太太不一样的是，她们的精神很明显有了某种寄托，因为她们大多都能很愉快地欢度晚年。刚开始时，我觉得很奇怪，尽管我尚年轻，但我以敏感的心都能感受到的生命终将消逝的痛苦，却似乎对她们没有任何威压的作用，几乎每个信佛的老婆婆都能很安详地一步步走近即将来临的死亡。思前想后了半天，原因看来只能有一个，那就是佛教给了居士们以精神的支撑，使她们得以从容面对必将到来的死亡。这种结论使我对佛教有了一个最初的但也是最强烈的感觉——它是可以让人无惧生死的。

后来又有机缘去了高原，那是在一个百花盛开的季节。穿过草原，越过湖泊，翻过高山和峡谷，我来到了一群虔诚的人中，心便也不得不同样虔诚地潜下来开始试着了解他们。这是一群以另一种方式面对人生的各种难题，以另一种方式试图改变自己及他人，以另一种方式思考我们生存实质的“喇嘛”。这些喇嘛中的许多人都以善良的心地坦诚地看待这个世界，他们同样希望我们这些“非喇嘛”也能发心，把大家共同生存相依的地方建设成精神的乐园。尽管与他们语言不通，但我没有任何障碍地自由穿梭在他们之间。即使是回到了城市，也常常感觉心还留在那片青青的草场上。

渐渐地我发现，自己每一次匆忙逃离喧闹的都市，都不再是为了休闲出游，而是受潜意识当中回归心性家园的力量所趋。不知为什么，每一次在无奈地返回后，心中对那方圣土总是充满牵挂。难道那就是没有围栏的、属于我也属于这些佛教信徒的精神家园？难道那里有我迷途人生中可以当作暗夜明灯的精神导师？一张张照片虽默默无言，却像在试图大声地宣讲出一个隐藏了很久的秘密，一个关于我的命运的谜底。我只能把这一切都归为缘分。

老婆婆们乐观接受死亡，让我体味到佛教带给人的从容静观的力量，它可以教人空掉一切不必要的顾虑与恐惧。几度深入藏地，让我感受到佛教赋予人心灵的那种平和的启迪，它可以教人抛却一切纷攘的物欲与沉迷。而真正让我感受到它对生命最本质内涵揭示的是在观看和拍摄了葬礼以后。在那之前，我对佛教的理解多停留在诗情画意的层面上。而直面藏传佛教对死亡一刀一斧的刻画，才让我真正明了了生的本质。

那种直观的视觉冲击，简直可以把一切迷茫而固执的执著统统冲垮。男女老少都不得不接受一个事实：死亡随时都会出现，管你年少还是年老、富裕还是贫穷。但在葬礼上，让我最感惊异的却是，我没有看到、听到过一次哭天喊地的号啕与试图留住亲人的妄想。我只能再次把它归之于佛教思想深入人心，是佛法让人们学会并习惯于体认真实而又虚幻的死亡。我们所惯常接受的教育，总是让我们把生离死别看作是残酷的东西。但佛教的理念却让人能超越这种残酷，树立起正确看待死亡的新观念。这种对死的无常观并不是要我们都消极地坐以待毙，而是更积极地面对人生，但又不过分执著人世间的一切财色名利。我们都把生死之间的过程当成一段自然的生命之旅，从周围环境吸取养分的同时，始终不忘用自己的回报促成整个人文、生态系统的和谐并进。同时，你在生命进程中所种下的一切种子，即使是你的肉体消失了，这些种子依然会找到新的适合它们生长的载体，继续它们未竟的成熟、结果之生命运动规律。佛教告诉我们，我们所造的一切业，不论是善是恶都叫种子。如果你都阻挡不住有形的种子在阳光、空气、水分的促成下生根、发育、成熟，这些无形的种子又怎么可能仅仅因为你肉体的毁灭而一同断灭呢？它们还没有现形、成长呀！它们为什么不能在新的生命载体之上继续繁衍生息呢？知道了并坚信这个道理，我想我们大家都会力争在现世的生命旅途中多种善的种子。这样，即使是死亡现在来临，我们也可安心承担——毕竟这善的种子不会把我们的灵魂惊慌地带往丑恶的轮回之路。这种临终关怀比拼命地用一切医药手段竭力延长一个人的生命，要从容、自然得多。这种“延长”方式才是使生命永生的最可靠保障。

经历了这种由浅入深、由表及里的感受、认识、了解佛教的过程后，它方方面面的教义，从生到死、从世间到出世间、从不了义到了义、从日常行住坐卧到顿超三界，我全都对之产生了浓厚的兴趣。佛既然是梵语“觉悟”的意思，有的人真正学佛，便真的有所觉悟。这种觉悟真让我羡慕，那是洞穿一切现象、了然于心而又丝毫不为之所动的旷达胸襟。而且佛教的博大精深远超人的想象，它所涉及的领域是上有天文、下有地理，人类文化、医学、文学等无所不包。它可以让修行适应每一个人的根基，有时简单的一个“六字真言”咒语也能作为老阿妈的解脱之道，而有时，它又能让某些教派的行者花费二十年工夫去辨析义理。刚入藏地时，我简直无法适应这里的恶劣环境，但日子久了，我体会到，佛教讲心中有佛，教人们心胸开阔，难怪在艰难恶劣的自然环境中，这里的修行人表现出的是豁达和对生活的热爱。在适应自然界的过程中，他们不是强调“战天斗地”，而是处处强调一种与日月山川相伴的和谐。靠着一种不可缺少的精神力量——佛法，柔弱的人变得坚强，自以为是的人学会如大地一般安忍而谦逊。

如果说刚开始接触佛教时，是把目光对准了那些老婆婆，是想在她们安度晚年的背后探寻支撑她们接受死亡的精神力量。深入佛教日久，我的镜头自然而然又转向代表“生”的那些青年面孔。曾经认为他们的信仰不过是时髦赶得厌烦了，干脆换一下口味，尝尝佛教这个“鲜”；或者把天龙八部、基督耶稣、玉皇大帝与佛陀一起拉来，当成“天灵灵，地灵灵”似的祈求偶像。后来才发觉，在佛教中，生与死其实是一体的两面，不生不死方是本来的亘古长存状态。一些年轻人非常幸运，他们在似早晨八九点钟的太阳一般风华正茂的时期就接触了佛教，并按佛教的道理，一步步回归永远年轻、永远不生不灭的那个本来状态。他们不是在迎接死亡，而是力图能尽快超越死亡！他们以“生”的修炼，朝气蓬勃地主动向精神最后的家园进发。

我就认识这么一个姑娘，她在一个注定的机缘中结识了一些真正的大德，并由此认识了佛教，从此一颗曾经漂泊的心便停留在了佛教温暖的港湾。但对一个向往佛法的个体而言，就像一条驶向目的地的船，它必须经受风浪的考验。这位姑娘修“五加行”的体验，就让我深切感受到佛法塑造人心灵的巨大力量。她每天都专注一心，用全部的体力与心力，在两千、三千、五千等枯燥的数字间磨炼自己的心性。她的手磨出了厚厚的老茧，甚至额头都被磨破，在酷热难耐的炎夏，半个“五加行”就已让她掉了十来斤肉。劝她歇一歇，她却总是抹去满头的汗水，淡淡地说一声:“不碍事，不过就是不能停下来。”

有什么力量能比信念更坚强！有什么说教能让一个年轻人抛却一切名利的勾牵，向着圣洁的理想迈步向前？

佛教！它才能让一个人为了生生世世的美好、幸福、解脱而放弃世间所有的妄念。它以其无与伦比的究竟、彻底、圆满吸引着人们靠近它，走入它。这种碰撞、交汇，将会把每一个与它结缘的人都送往幸福的彼岸家园。

我终于学会了一句咒语——“嗡班杂萨埵吽”，从此就有一种永不枯竭的精神力量驱使着我爬过心灵的沟坎。在漫漫旅途上，在得意与失意之间，心中总是不停地在默祷：“嗡班杂萨埵吽……”

慧日的话刚刚讲完，我心里就产生了一个念头：佛教的奥妙真让人感动、佩服。从佛陀的慈悲、智慧宫降下的利益众生的源源不竭的甘露雨水，我们只要从中领受一个观点、一滴甘霖，都可以使我们的人生从此翻开新的篇章。慧日所描述的人生感悟当中，我深有同感的便是他讲到的因果轮回不虚的道理。佛陀在《百业经》中说过：“纵经百千劫，所作业不亡，因缘会遇时，果报还自受。”这个理论原则在整个佛法的理论体系中都是关键。其实我相信，世间的理论者、思想家、智者们只要经过认真独立的思考，也可以了达它的真义。但如果想当然地人云亦云，你可能永远也不会揭开因果的深义。

说到这里，我又要再次感谢我的根本上师，正是法王如意宝在关键时刻赐给了我们内心以定解，让大家并非从口头上，而是从心里对佛法的伟大、对因果轮回生起了永不退转的正信。所以，我特别希望知识分子们都能深入佛法的实修实证领域。这样，如果你一旦获得了真实的修证，那么即使有百千万人来到你面前，你也不会变动立场。诚如宗喀巴大师的上师所说："诸位朋友，现在，就算是有成千上万的智者来到我面前的虚空给我指路，我确定的信仰、方向也不会因之而改变。"因为一个人如果真的品尝到佛法的滋味，那他就一定会达到这种境界——一即一切，一切即一。认准一个根本上师，究竟走完一条道路，那时自会条条大路通长安。我相信，慧日通过切实的努力参究，产生稳固的定解后，也会享受到这般永不退转的美味。

接受真实之利

一切皆从因缘而生，我们学佛之人迈入佛门，依靠的也是一种因缘，只不过有些因缘我们几乎一眼就能把握，有些则显得扑朔迷离一些。比如崔国平的接触佛法、走入密宗，就很有些说不清的味道在里面。其实“说不清”也只是方便说法，如果追究前世、宿世，再复杂的因果也能呈现于光天化日之下。

我倒是觉得大多数人对明明白白、实实在在发生在我们身边的因缘却熟视无睹，比如就说喧闹非凡的城市吧：绝大多数人在城市的污浊欲海中，每天都为自己日益增盛的贪婪而不知疲倦、不惮烦恼地奔波，他们好像永远也不明白自己的心性、自己生命的本来状态，他们似乎永远也参不透繁华背后的无常本质。对这些人，我们当然不可能依靠他们生起智慧，但面对他们，我想我们还是可以生起大悲心的，悲哀他们不懂佛法，悲哀他们不懂以智慧去选择人生。

所以说崔国平是幸运的，依靠着不可思议的因缘，他得以走入佛门，并真实品尝到佛法带给他的利益。

我叫崔国平，是一名体育教师，毕业于吉林省四平师范学院体育系。如果不是佛法赋予了我些许智慧的话，恐怕我这一生也只能在跑跑跳跳、打打闹闹中虚度过去了。

小时候经历的一件事让我久久都难以忘怀，也就是从那时起，我有些似懂非懂地记住了一个大人们经常挂在嘴边的词：因果报应。我的二舅并非一个学佛者，他曾经给我讲过：我二舅母的哥哥是个宰牛的，一生中连续杀了十七年的牛。有一天清晨，他突然自己吊死在绑牛用的木桩上。那木桩比他还矮，平常根本不会被一些轻生者当作吊死的横梁。而他却像他平常所杀的牛一样跪在地上，并最终自己勒死了自己。死前他无任何异常反应，村人全都说这是他十七年杀牛的现报。

可能是受从小就对因果感兴趣的驱使，上大学期间，我就主动接近了佛教。记得当时，有一个早我皈依佛门的师兄郑重地递给我一本《金刚经》，并说道：“如果能完全理解并实证，你就可以成佛了。”我对佛教尽管不太了解，但有一种天然的好感。不过我想这本《金刚经》恐怕也没他说的那么神吧，就这么在半恭敬、半不经意间接过法本，顿时一种说不出的感动与畅快便从心间升起，而且整个身体似乎都在颤动。最不可思议的是，两眼禁不住竟要往外喷涌泪水。我从没有过如此强烈的觉受，整个人都傻在那里，不知如何是好。

等夜深人静之时，读至“须菩提，一切诸佛及诸佛阿耨多罗三藐三菩提法皆从此经出。须菩提，所谓佛法者，即非佛法”，一股慈悲之情绪便由心间涌起，瞬间就遍布全身，最后我再也控制不住没来由的眼泪，干脆就任它纵横流淌吧。在这一过程中，我感到身心是如此通畅、清凉。好奇心让我翻出一个小镜子，想仔细端详一下自己的神情，那时我才真正明白了“泪流满面”的含义。自己也觉得有些不好意思，怎么刹那间就好像变成了一个多愁善感的女孩子一般。但当时的感觉就是那样，好像突然之间明白了自己不是爹妈亲生的，是另一位母亲生育的，就是那么一种又委屈又难过又高兴的复杂心情，尽管我自己根本就说不清《金刚经》到底给了我什么。

从此就想深入佛门，认真思考、反省一下自己的生存目的。

接下来又看了《药师七佛本愿功德经》，经云：“世尊，我于如来所说契经深义，不生疑惑。所以者何，一切如来身语意业皆无虚妄。世尊，此日月轮可使堕落，妙高山王可使倾动，诸佛所言终无有异。”捧读这段经文，内心深处的感触与读《金刚经》时无异，泪水又一次模糊了双眼。我真想对全天下的众生都说：“你们生活得这么苦，为什么不信诸佛所说呢？他们要骗去你们的什么宝贝呢？你们又有什么可值得骗的呢？”

反正不管别人如何看待佛教，我是下决心要用全部的生命去证取它了。

第三次的强烈震撼，来自于看法王仁波切和堪布上师相片时的观感。

有一天偶过一家佛学书店，看到里面有《密宗断惑论》《澄清宝珠论》两个法本。以前从未接触过密宗，但当时也是受了一种莫名的召唤，我进入书店并翻看起了这两本书。首先看到的就是法王和堪布的相片，“咦！怎么这么熟悉而亲切呢？这不就是您二位吗？”其实我当时根本就不知道“您二位”到底是谁，只是不自觉地就脱口而出“您二位”。他们的大慈大悲与甚深智慧完全就刻写在他们的脸上，而书中的金刚语只要看了几句，就吸引着我不由自主地要把全书看完。这两本书更加坚定了我对佛法，特别是对密宗的信心，从此，我就把到色达喇荣佛学院去听闻正法当成了最大的一个人生目标。

而这个目标在今年年初时，终于实现了。

来到学院，听到法王说：“我唯一的贪求就是贪求你们摆脱烦恼、痛苦，得到解脱。此外，我别无任何贪求。”听到这里，凝视着经堂外的青山白云，我这次是失声痛哭了。合掌当胸，我默默发愿道：愿生生世世都能跟着法王，永远在他座下听闻佛法，直至成佛！

如果要问佛法带给我的切身利益，那便是我渐渐在教理的指导下开始调伏起自己的内心来了。控制着自己随境而转的心态，遇到任何情况都提醒自己要保持平和，将忍辱当成最高的般若波罗蜜来行持。在以上总原则的指导下，我一般将这个过程分解为四个步骤：一、以般若空性而破；二、以因果律而治；三、以深信教言、教理而控；四、以大圆满而住。

以般若空性而破时，我总是牢记《金刚经》中的话：“忍辱波罗蜜，如来说非忍辱波罗蜜，是名忍辱波罗蜜。”也就是说，根本就没有一个所谓的“忍”这种行为，因无能忍之“我”，亦无施辱之“人”，三轮体空，假名安立而已。就像达摩祖师所说：“法、法、法，本无法，法乃自性；空、空、空，不落空，空乃为真。”一切都是大空离戏。

以因果律而对治时，我就想，如我被污损，此果必有因。而且还应感到庆幸，因《金刚经》中说：“是人先世罪业应堕恶道，以今世人轻贱故，先世罪业即为消灭，当得阿耨多罗三藐三菩提。”

如果不能以前二者之理调伏，那就必须做到“深信”“坚信”，相信佛菩萨的教言、教理真实不虚，努力培养自己的顽强毅力，控制住自己的情绪，力争忍而不嗔。

而最高境界则为安住在大圆满的本性当中，如如不动。

在日常行持中，应首先以大圆满而“住”，不能则以般若空性而“破”，还不行则以因果而“治”，再不行便以信念力“控”。如果我还是没法调伏自己的心态，便使劲忏悔，多祈祷三宝、忏罪积福。不光是对付嗔心如是行持，对于其他的烦恼也如此调伏。这样的修行，对我来说，就是将上师的教言、佛陀的经论落实在自己的行动中，力争从自己的一言一行、一点一滴做起，真实地向世人，也向自己展示佛法对于人心的巨大改造力量。别的不敢说，至少现在，我能做到相似地不为外物所转、不为凡情所累，这一切当然让我对佛法生起更大的信心。《楞严经》中说：“若能转物，则同如来。”而现代人也把心理与身体的双重健康当成了健全生命不可缺少的指标。但在面对诸如易怒、自卑、偏激、烦躁、狂傲、自私、阴险、歹毒等心理阴暗面时，不知现代人有没有考虑过，佛法就是专门用来对治贪、嗔、痴、慢、疑的。

佛法已惠我以真实之利，而且我坚信，它还将惠我以生生世世之利。孔子曾说过，三人行，则必有我师。既然佛法能独树一帜于世间所有理论及实践之林，那么“择其善者而从之”，为何不可以成为我们向佛法靠拢的一个理由呢？

尝试着去接近一下它，也许你从此以后也会以一种惊喜而感恩的心情，迫切渴望着能把这种美好而洒脱、自由而从容、慈善而智慧的经历与别人共享。

崔国平在学院过的基本上是一种苦行生活。如果说他进入佛门还带有某些“偶然”因素的话，登堂入室后的行为则纯属他个人的理性选择了。假如佛法只是幻术师幻化出来的魔术，那它绝不可能把一个人搞得如此长时间地“颠倒错乱”。

因此，佛法一定有它无法言喻的巨大魅力，一定有它吸引每一个求真、求善之心的究竟所在，一定有它带给每一个深入它的人的那种改造，乃至再塑身心的力量。

而愿不愿从佛法当中接受真实之利，则在于每一个或智慧、或愚痴之人的选择了。

第五章　懂得生死的奥义，心就越发淡定安稳

人生在世，除了生死，其他都是闲事！

看清生死的真谛，通达人生的真理

我经常见到社会上一些非常自私的人，尽管嘴上说为人民、为国家，实际的行持却全是为自己。自私的人假如生活在顺境中，他是根本想不到并希求佛法的。我最近就碰到了这么一位人物，他是负责整顿学院的工作组成员之一，平日里总是异样强硬地诽谤佛法，否认佛陀的存在，肆无忌惮地做违背因果之事。结果前几天他突患急症，经检查已是癌症晚期。几天之内，他的亲朋好友就都弃他而去，包括他的子女。绝望中他痛哭流涕地给我打电话，说到生命的最后一刻，谁也不来管他，现在只要佛能救他，他就开始信仰佛法……

像他这种人，在乐得晕头转向时是根本不会想到无常的，而生死其实随时就悬在我们每一个人头上。假如真是有智慧的人，只要你平时不忘佛法，那么在生死关头，你绝对就不会感受到痛苦。

死亡，不管是逼向自己的或是迈向亲朋的，甚或是针对毫无干系的第三者的，对一个人来说，都是再好不过的善知识，就看你会不会利用它、抓住它而已。在这方面，秋音女士的经历确实可以给大家提供借鉴。

印象中，小时候父亲常牵着我，在夏日的夜晚出去散步。仰望深邃无边、星星闪烁的天空，父亲常给我讲些“黑洞”“白洞”“飞碟”“太空”之类的知识。对此，我充满了好奇。这种对宇宙的好奇一直藏在心里，并在以后的日子中时不时地闪现。

长大后经历的便是如世俗必修课般的漫漫上学之路，并最终如愿考上了南京东南大学。当然不可能选择一直向往的天文系，而是选择了实用的计算机。大学的氛围渐渐造就了我“个人奋斗”“实现自我”的理念。虽然也有几个日落黄昏在校园操场里苦思冥想，也有假期在图书馆猛看尼采、叔本华的经历，但均未得到关于宇宙人生的满意答案，反而对生命的本身更为疑惑。不过有一点却似“恍然大悟”，原来周遭乃至古今中外忙忙碌碌的人们，对自己的生命本源搞不清楚，竟也可以活得像那么一回事！那时候也想看佛教的书，但无缘碰到合适的，只看到过一本讲述佛陀生平的故事集，因感觉上好似神话，便也没太在意。但佛陀舍王位出家，在菩提树下发愿不成正觉誓不起座的精神却打动了我。而后来读到的达摩九年面壁、神光断臂求法的叙述也同样令我神往。

从学校毕业后步入社会，便不由自主地卷入了追求自我实现的浪潮中，一切都开始以自我为中心：自我锻炼、自我发展、自我表现。那时真可谓“目标方向明确”，而且充满“信心”和“精进不懈”，具足了“立事的因缘条件”。现在回想起来，不由淡然一笑：精神可嘉，但方向有偏，而且充满了执著的不安与痛苦。

正当我鼓足了马力，全身心投入奋斗时，有一天下午，忽然接到一封家中的电报：“母亲生病，速回……”急急忙忙赶回家看望生病的母亲，但家中没人，只有一张留言条。看过之后，便又马不停蹄地匆匆赶至医院……

幼稚、无知、可笑、可怜的我，崇尚用自己的双手创造、战胜、主宰命运的我，那一天，那一刻，却被上天很不经意地嘲弄了。母亲，关爱护佑我的母亲，如同空气般滋养我的生命而从未被我察觉的母亲，已于当天早上就离开了我，而且是永远！母亲就躺在我面前，但她再也不能如往常那样关照我，哪怕睁开眼睛看一看我……小时候，母亲总牵着我的手，怕我摔怕我受惊吓，而如今，我却让母亲一个人去走那段最艰难的路……我感到了彻彻底底的失败、彻彻底底的无奈。我真是一个不孝的罪人！

绝望的我走进寺院，请老法师教我做一切能做的事情，哪怕对母亲能有一点点助益，不论有效或无效、信或不信，我不想再错失一点点补救的机会。我开始第一次诵经：四十九遍《地藏菩萨本愿经》；第一次顶礼地藏王菩萨，祈愿天下母亲安康，祈愿天下父母离苦；第一次真诚地持诵阿弥陀佛圣号，并在梦中恍惚觉察耳畔似有轻诵的佛号声……

母亲以自己的生命为代价，最后一次送给我一份至珍的、无价的礼物——佛缘。这是我生命中最最无价的珍宝，是我认定的生命价值和意义所在。母亲不仅赐予我生命，更赐予我利用这一生彻底解脱的机会。母亲的恩德虽粉身亦无以为报！

粉碎虚妄后是彻底的清醒，执著追求的真实，恰似虚幻不实的泡影。风风火火的母亲是家里的核心，没有了母亲的家中竟是如此的凄凉，只剩下和顺的父亲和小我七岁的妹妹。

那个时候，母亲离去的伤痛和对自己昔日未尽孝道的谴责，使我开始不能容忍对“自己”的任何考虑。母亲不在了，“我”的一切也已无所谓。我开始真正成为一个女儿、一个姐姐，开始真正领会了责任和亲情。单位里，尽心去忍，独当一面；家里，昔日饭来张口的我，开始忙于一日三餐，更开始操心妹妹的学习。那时的裂变是巨大的，是对以前的我的一种否定。

否定之后，便需要重新树立，不管是人格还是立身基础，甚或是人生道路与价值标准。我开始执著且认真地问自己：花开花落，人来人往，生命的意义究竟何在？不明之中，就开始从古往今来的圣者智慧中汲取养分与寻找答案，而他们的种种善说渐渐冲破了我原有的狭隘。

“致知在格物。物格而后知至。知至而后意诚。意诚而后心正。心正而后身修。身修而后家齐。家齐而后国治。国治而后天下平。”从中，我的心感受到了从未有过的旷远和安然。

“彻尽法界性，誓至解脱地，得为三界雄，解救诸群迷，我建超世智，必至无上道，斯愿不满足，誓不成正觉。”佛菩萨的誓愿震撼着我的心灵。

“其智宏深，譬如巨海；菩提高广，喻若须弥。忍辱如地，一切平等；

清净如水，洗诸尘垢；不著如风，无诸障碍；旷若虚空，大慈等故。”佛菩萨的行径，令我高山仰止。

“我不入地狱，谁入地狱，地狱不空，誓不成佛。”地藏菩萨的大愿震彻寰宇。

无始以来的诸佛菩萨们，在此请接受我至真至深的顶礼……

佛菩萨的无上大愿大行使我生起无比的崇敬，自然就将我引入了佛门。1995 年的大年初一，为了纪念母亲，我开始吃素，并一直延续至今。

在母亲过世后的那段日子里，我在南京鸡鸣寺遇到了一位叫小王的道友，我便是在她的指点下诵持了《地藏经》。她是一位非常精进、有执著追求的人。末法时代修行不易，要寻得一个如理如法的修行道场实在很难。她换了好几个寺庙，最终还是离开了舒适的鸡鸣寺，来到了扬州的高旻寺。缘于她，我也得以进入高旻寺，并有幸随行参与了“禅七”。

禅七意在克期取证，所以从早至晚多达十多坐香。坐香时间也不一，最少如晚息香三十分钟，最长如早课香一小时，其中间隙便为跑香，至今我还很忆念禅堂中的跑香。真正参禅为道乃大丈夫之所能行，坐上当提起全部的警觉疑情，深、忍、止、寂，以期力破无明而明本性；开禁下坐，当如猛虎下山，经行如风，心行如一。百余禅和子绕佛而行，“提起来！”急行的队伍中班首师父扛着香板，高声督促，其势之大，如挑战生死的号令；“啪”一击板，立刻收住，一切止寂，此刻但看己心，“当下念佛者是谁？”

可怜薄福的我，因繁忙的工作缠身，第一年只能利用假期随喜，但这已让我对那里的修行氛围深有感触。第二年的新年，我便在禅堂度过了。第三年我已回南京，所幸有二十多天的探亲假期，我才又回到了高旻寺。最初两次是求道心切，但来去匆匆且理路不明，徒以妄想心识，揣测真理。第三次妄心稍息，身心清净而安然，但生死心不至切，没有意识到强烈的出离心和至真的菩提心对真正的修道是多么重要。

高旻的禅七确立了我此生学佛修行的志向。在此之前，生活、事业是我人生的重心；之后，修行悟道、成佛度众则成为我此生的唯一目的。

目标虽已明确，修行之路则漫长而艰辛。

刚开始时，外境上：世事扰乱，竞相纷呈；内心：心地未明，闻思不够，理路不清。所以虽有一片心愿，但磕磕绊绊，时进时退。那时的我一直处于理想与现实的斗争之中；处于清明和愚痴的矛盾之中；处于两个不同的“我”的轮番交织之中：一个是志求无上道、质直柔和、刚强勇猛、能舍能行的大我，另一个则是被尘世所牵，资生不易、顾虑重重、狭隘遮蔽而艰难的小我。

尘世中的修行真如逆水行舟，不进则退。

后来，因缘时至而接触到了密宗。看《菩提道次第广论》就觉得与自己非常相应，因而感叹不已。那里面指出了三士道的修行关键：闻、思、修。并特别强调对初学者而言，闻思显得尤为重要。藏地佛学院一般都设有辩经院，细致、精密的思辨抉择是正确无误的修行基础。

后来又有幸得到了《大圆满前行引导文》，它涵括了完整的修行次第：

无伪的出离心，无上的菩提心，忏悔，七支供和上师相应法。根据自己的修行体会，五加行的的确确是一条必须依止的修行之梯，它不仅是大圆满的前行，其实也涵盖了大圆满的正行。

同时在善知识的引导下，我又开始研习大圆满的智慧教言。通过仔细辨析，潜心思维，我终于对缘起性空有了突破性的认识。虽还只是理上疏通，但已感到了身心无比的轻松、自在。就如同一下子掀去了心中的障盖，解开了身上的枷锁，让我深切感受到："众生实在可悲可叹，无始以来虚妄流转、轮回痛苦得实在冤枉！"大圆满的教言使我产生了无比的信心，同时对诸佛菩萨、大善知识们更产生了无比的崇敬和感激。我真心祈愿：大圆满的智慧之光能照亮末法时代更多众生的心灵。

如今，我的修行已少了一些浮躁和烦恼，多了一份安忍与自在。我愿以一颗真诚心、质直心、长远心，老老实实、诚诚恳恳地修持大圆满，不带半点的虚伪和矫饰。工作、生活上，要学会合理安排、正确面对、勇于承担、绝不苟且；在人世生活中，则试图慢慢熏习父母兄妹之心和自他相换之行。

佛陀教诲下的生命，充满了光明、安乐、祥和与智慧。愿我此生乃至生生世世都能追随佛菩萨的足迹；愿天下众生都能行持大智、大勇、大仁的菩萨之行，以臻到达彻底解脱的圣境。

在大城市的股股浊浪中，我很少能听到真正的法音，因而秋音的话让我得到了很大的安慰。她通过直面母亲的死亡而通达了真理，现在又说出了真理，这让我想起了莎士比亚的一句话：“真理往往是在痛苦的呻吟中说出来的。”

有时我在想，生存于大城市中的人们，像不像即将落山的夕阳映射下的灰尘？缤纷不了多少时间后，它们的光芒也就随着太阳的西坠而被夜色吞没了。从宏观上看，人们如此纷乱而盲目地忙碌于自己的利益，在关注衣食住行的同时，根本就没有考虑是否让灵魂得到了真正的归宿与安宁。而当你从微观方面纵深剖析一个个都市游魂时，你看到的只会是一个个不可告人、不可言喻的痛苦。因此，当众生没有获得佛法的甘露，没有获得修证自在的时候，被困苦煎熬、困扰的每一个众生都是非常可怜可悲的。而如果你真正调伏了自心，那么不论你身处何方、居住何所、身着何衣，都会处于一种永恒的安详、幸福当中。

那么，被痛苦烦恼困扰的众生，为何不希求能带来真正的自由与自在的佛法呢？

以关爱之心面对所有生命

对许多人来说，他们短暂而又漫长的一生总是充满了坎坷，尽管从外表看来，很多人都显得又快乐又自在。其实每个人都会遇到不同的违缘与不同的烦恼折磨，不管你事业成功与否，也不论你有无名利。生活乃至事业上的得失兴衰，总是在不同层面上给不同众生带来不同的困惑与困扰。能否坦然面对人生当中的所有境遇，与一个人行持佛法与否大有关系。当佛陀的教言真的融入一个人的心后，他便确实可以做到快乐时不忘乎所以、遇逆境时又不怨天尤人。

我接触过的许多知识分子都经历过这一灵魂的“拓展”史，在与佛法结下殊胜缘分之后，他们的心地或多或少都发生了向顺逆一如这方面的转变。相信随着闻思的深入，不远的将来，他们不仅能坦然面对自己在人生中的种种境遇，还能以平等心面对大千世界的所有众生。也只有在那时，他们才能体会到空诸所有、与万物同怀的究竟滋味。

当香秋旺姆坐在我面前时，这种感觉就更加强烈了。尽管她拿着手机，不停地在接各种有关生意谈判的电话，与我交流的时间很短，但在一个显现出来的女强人形象背后，我依然感受到一个学佛者与众不同的心态与一种慈悲而宽广的胸怀。

应该说香秋旺姆是一个事业成功的女人，但我更看重的还是沉浮商海多年后，她依然能保持诚实而又善良的品性，这实在是难能可贵。她非常愿意将自己的学佛经历告诉给众人，但由于繁忙的业务，她只能暂时先讲述一下佛法带给她的关于对待生命态度的问题。其实关于佛法，她要说的话还有很多……

我叫香秋旺姆，出生于1970年。我的童年、小学、中学时代都是在成都的一所大宅院里度过的，我非常怀念在大院里成长的那段日子。在记忆中，院子里的桑树、蚕子，爸爸亲手砌的金鱼池，花坛里的石榴树、马蜂窝，还有饺子、围棋、长板凳、马架子等这些总是非常清晰。记得每当哪家的孩子犯错误时，家长们总会抬走那张长板凳，命令犯错误的孩子趴上去，然后找来篾条，毫不留情地教训小孩。

1988年，我中学毕业后考入四川师范大学化学系。在学校里，我是一个不折不扣的优秀学生，曾获川师大“优秀学生干部”称号，并多次获优秀学生奖。参演首届师大艺术节时，还获得过表演二等奖。毕业时，经系里热情推荐，我被分配到成都某国有企业工作，刚工作不到一年时间，就研制出一种深受消费者喜爱的白雪条蜜饯食品。不过，这些根本满足不了我当时飞速膨胀的事业心，1993 年我毅然停薪留职，到外面应聘。而从 1994 年开始，我便尝试着独立经商了。这期间因工作出差或陪请客人，总免不了要点杀一些海鲜、河鲜甚至野味。虽然自己并不喜欢主动吃这些东西，但夹杂在客户中间，往往也就有意无意地经常开荤，到后来则干脆同流合污了。每每在满嘴油腥、吃得兴高采烈之时，根本想不到我们为了吃都做下些什么勾当，也想不到自己童年时，曾为一只夭折的小猫而伤心难过了那么长时间。比如到了青城，我们会吃当地的石爬鱼；到了度假村，那就时兴什么吃什么：一鸡三吃、一兔三吃都吃过；有时为了吃鲢鱼，甚至大老远开车去；有次在普陀山，我们竟然刚出了庙宇就点杀海鲜……那时真的是不知因果，现在想起来非常后怕。

说起我的改变，那大约是 2000 年 4 月的某一天，当时，我的一位朋友刚好来找我放生。那时，我正处在个人生活最难受、精神最薄弱的时候，因为我发现与我恋爱多年的男朋友在某些关键问题上竟一直在欺骗我，于是我被迫和他分了手。在决定分手以前和分手后的一段时间里，我几乎每天都是以泪洗面，只要一想到过去，我就忍不住痛哭起来。当时，我以为自己是世界上最悲惨的人。不过出于对放生的好奇，再加上百无聊赖的心绪，我就跟朋友一起去了。没想到，这次偶然的放生倒把我的生命给重新解放了，从此我的人生就彻底改变了。那次放生活动中，我一直特别高兴，好像曾经有过的所有烦恼此刻竟全都消解。尤其意想不到的是，我们碰到了丹增活佛，这是我头一次接触藏传佛教的活佛，没想到竟成为永远的佛缘。后来每当忆及于此，我就不得不感叹缘分的不可思议。记得当时他一直对我们微笑，那神态是如此的慈悲、安详；他对我们说话的声音也很轻，非常悦耳动听。在整个放生活动中，只要有活佛在身边，我的心就特别柔和。我能感受到我自己的快乐，因为那天我一直都想笑。接下来的几天里，我只要一闭上眼睛或者一静下来，脑海里就会浮现出丹增活佛的神情。

后来在5月的某一天，我就在丹增活佛那儿皈依了。也许是活佛言传身教的魅力太巨大了吧，也许是我内心深处宿植的善根终于因活佛的点化而被唤醒，反正皈依后，我便开始看起从未碰过的佛经。慢慢地，我的心开始起了变化，我很快就从感情的旋涡中爬了出来。即使偶尔想起过去，心也比以前理性平和了很多。我想这一定是三宝的摄受加持吧。

现在，我总算弄懂了因果的不虚。因而我绝不会再去为了满足自己的口腹之欲而去杀害别的生灵，也不会为了一点点个人的烦恼而去嗔恨整个世界。我比以前快乐、自信、坚强得多！我也有了更强的社会责任感，因为我有了信仰，这信仰让我有无穷的爱心去关爱生命，有无穷的力量去积极地面对人生。

香秋旺姆在短暂的谈话过程中，再三强调说，尽管她现在拥有广大的事业，世事俗务太多，修行根本谈不上精进，但她对佛法的信心却永远也不会改变。她郑重地对我说：“佛法是我最伟大的皈依处！”她在说这些话的时候，两眼放光、神采飞扬。

我知道香秋旺姆学佛这一年多来，佛法赋予她的智慧与改造心性的力量，已使她浑身上下越来越散发出一种特有的人格魅力。这种魅力吸引了很多她身边的知识分子，有的也因此而步入了佛门，并且精进地钻研起佛教的理论。他们在有了一定的闻思基础后，也开始以各种方便法去接引周围的众生。至少在放生这一点上，他们就已带动、感染了一大批人。

这真让我高兴！我相信，对一个真正学佛的人来说，佛法对他的人格、道德、智慧、胸襟的改造与提升，一定能使他在当下这个人的思想境界越来越低级化、整个社会越来越庸俗化的人世间，凭借佛法所提供给他的精神力量，日益吸引更多的大众也趋入佛道。正像无垢光尊者所言："只要能修成菩提心，自然而然就能利益众生。"

期待着能有更多的知识分子掌握不离世间觉的佛法！期待着他们能对佛法的弘传与人类智慧的升华做出更大的贡献。

众生平等，切勿杀生害命

个人的生命之花与广袤的大地相比，可能会显得异常渺小，但再微不足道的小花也会散发出它本有的芳香。每个人依据前世所造的不同之因而感受今世不同的业感之果，这看似不一样、不公平的人生境遇，实则是因果法则最公平的显现，只是这个中因缘大多数人看不透而已。

有的生命花朵从一开始就遭到各种风霜冰雹的打击，不幸的生命就此夭折。有些尽管也遭遇了各种违缘，但强韧的生命力在各种因缘的扶助下，最终还是能绽放出生命最亮丽的色彩。不过要想使人生的鲜花盛开得最有意义、最有价值，我想恐怕只有在佛法的慈云慧雨浇灌下，这生命之花才会常开不败，并对大地的养育之恩做出应有的回报。

作为一个修行人，我平日特别留意每一个人的人生经历。别人的欢乐与哀愁，成功与挫折，对我都有很大的借鉴意义。因而在平常接触人时，我就很在意他们各自不同的人生故事，我想具体了解一下每朵生命之花的盛开与衰败的因缘。今天我碰到了圆慧，那就刚好趁此机会，把她自己采撷出的一朵生命之花奉献给大家吧。

1971年的一个夏日，我降生在一个满族家庭里。不过我的降生并没有带给这个家族任何欢乐，反而使之罩上了一层阴云。原因就在于我是一个女孩子，而且命相不好。村里人都说我克母，是“扫帚星”转世。就在这样一个充满歧视的环境中，我度过了我的童年、少年时光。

记得三岁时，有一天望着天空里美丽的白云，我就在想，什么时候我也能像它们一样飘来飘去的，那该多自由啊！从六岁开始背上书包上学起，我就暗暗发誓：我一定要超过所有的男孩子！在这样的目标驱动下，我学习非常自觉。小学时跳了一级，直接考入了全区重点中学。本以为靠着优异的学习成绩可以让父母对我另眼相看，但哪里想到，这样的幻想一次又一次地在他们的冷眼面前遭到毁灭性的打击。我曾不屈不挠地努力过，从小学拿回家第一个满分开始，一直到我升入初中后，每每都做着当爸妈看到红红的一百分时，会对我破颜微笑一下的美梦，但这样的梦只要一踏进家门就会自动破灭。这个问题曾经困扰了我很久，以至于我对饱尝父母关爱的小弟弟充满了嫉妒甚至敌意。苦闷之余，我只有以读书来充实自己。

上初二时，学校排演一出话剧《观世音菩萨传说》，选中我演十岁左右的观世音菩萨。我想这可能是因为我的头发很长，并总给人一种冷冰冰的感觉的缘故吧。当老师把剧本给我后，从不知观世音菩萨是何许人也的我，一下子就被她的故事给吸引住了：显现在世人面前的她的命运也非常苦，但她却能于不论何种境界中都保持自己的慈悲本性。一个生活在困顿中的人，还能时刻显发这种对他人、对众生无尽的慈爱之心，在我看来，这真是太难能可贵了。

这次演出获得了很大的成功，并且成为了我日后人生道路上的一个转折点。很多次当我面对不幸和挫折、不公和冷遇时，我都会想起观世音菩萨的大悲热肠。这样，许多痛苦与压抑也就在她的精神感召下渐渐化去无痕了。

十八岁那年，我考上了沈阳的一所自费走读大学，读建筑系。相对自由、宽松的大学生活并没有改变我以往的孤僻性格。同学们也当我是一个怪物，很少与我说话。其实我对他们没有任何恶意与成见，只是童年的阴影压在心头郁积得太久，使我不愿意过多地在众人中喧哗、打闹而已。而且我也不太愿意融入他们那个叽叽喳喳、整天跑东跑西地串联游玩的群体里，那样的生活在我看来真的没有太大实义。我的这种做派，再加上我每次考试都遥遥领先，致使我常常成为别人背后议论的主要焦点。为此，我有时不得不感慨一番：人与人之间为什么不能和平共处呢？又为什么不能平等相待呢？为什么总是争来斗去？

第二年，我又考上了辽宁省委党校的经济管理专业，但这一点也不能使我高兴起来。因为活了快二十岁了，这时才突然有了一种感觉，我是越活越糊涂了。曾经有过的所有宏图大志都已荡然无存，我感觉自己的前途一片迷茫。我根本说不清楚我的人生目标到底是什么？

经济管理专业的学习使我了知了如何管理一个机构、如何面对经济社会的一些知识。简而言之，就是初步学会了怎样赚钱、如何用钱建构起人与社会群体之间的关系。这种理念使我的感情渐渐麻木起来，因为钱这个东西几乎勾走了人们所有的感情，但它本身却是最无情的东西。我发现在我学着与它打交道的过程中，我的眼里、脑子里不由自主地就全被它占满了。每天一睁开眼，似乎头一眼看见的天花板上都浮满了钞票。

临毕业时，我在一家大酒店实习。最终由于各方面表现还令老板满意，毕业后我就留在了这里。日后想起这段经历，我实在是从心里后悔不已：这个选择毫无疑问是我人生当中最错误的一次选择。因为在酒店工作的三年当中，我眼见着自己不断地堕落下去。

那时为了谋生，我日日周旋于三教九流之中。推杯换盏、笑脸相迎、机关算尽、惨淡经营。本来就孤僻的我，当时外表上虽然嘻嘻哈哈，实则内心的壁垒与城府较以往更为厚重了。我在看穿别人虚伪的同时，不得不比对方更虚伪。因此，我瞧不起自己！而且我具体负责一个餐厅的工作，这样我便得经常杀生。刚开始杀生时，我的心里还阵阵作痛，我总是不由自主地就想起我曾扮演过的观世音菩萨，她在自己身处困窘境地时，还不忘护惜更为弱小的生灵。我现在明明可以保护一些亟待拯救的生命，但为了自己的生存，我却眼见它们被杀害。不过刚开始时的这点自我谴责，很快就被日复一日的麻木感代替了。与此同时，我的职位越升越高，腰包也越来越鼓，但有时一边数着钞票，一边我就莫名其妙地发起呆来。呆坐中我会突然冒出这么一个念头：天地这么大，到底哪儿是我的家啊？我最终会到哪里去呢？

在浑浑噩噩中就这么过了三年，当遍地铺满金黄色枯叶的时候，我的苦闷心情也就像这季节一样，充满了没落。无聊与无奈之中，我独自一人在餐厅自斟自饮。恰在此时，隔壁的建筑公司王经理也来到了我们餐厅。因平日关系不错，他见我一个人在喝闷酒，便关切地问我出了什么事。没想到他这一问倒像是勾起了我的满腹伤心事，我顿时号啕大哭起来。当时的我什么也不顾忌，我也根本无法控制自己的情绪。就好像一个憋闷了太久的人，总有一天会忍不住要大爆发一样。我一边哭一边哽咽着问道："人活着为什么这么没有意义？"我也不知是在问自己，还是在问别人。

万万没想到的是，当我的哭泣稍稍停歇的时候，王经理居然平静地对我说："小王，您可能还不知道，尽管我平日老要与客户在您这儿应酬一番，但我至少明白一点：我是不得已才这么做的。总有一天，我会脱离这个鬼地方的，因为在我心里早已有了一个最好的归宿。知道吗？我是一个佛教徒。有了这个支柱，我什么都不怕了。"

结果，第二天我就跟着他来到千山，第一次拜了佛菩萨。那天正好遇到一位老和尚开示，他讲的杀生过患与众生平等之理就像鞭子一样不停地抽打着我。整个听讲过程中，我全身汗毛直竖，愧疚与恐惧一阵阵袭来。等老和尚一开示完毕，我就跪倒在观世音菩萨像前汗泪交流地发愿：从今往后一定吃素，再也不敢杀生了。

从此，我就正式走上了学佛之路。

1994 年春天，一个偶然的机会，我见到了塔尔寺的一位大堪布。他对我的恩德实在是太大了，在他那里，我又进一步听闻了因果不虚及众生本来皆具如来德性的道理。他还告诉我，就像镜子蒙上了一层灰尘一样，可怜的众生只因无明妄动便生生世世造业不已，把自己的一片真心彻底玷污了。一定要对得起自己、对得起众生、对得起佛呀！要赶快努力证悟呀！

在他的鼓励下，我不久之后就来到了普陀山。在那里我请了许多大乘经典，并聆听了一些高僧大德的开示。记得当我读《涅槃经》，读到佛陀将入涅槃那一段时，内心真是难过极了。泪流满面的我深切地感受到佛恩太难报答了，但我一定要报！因为我的新生命就是从佛陀那里、从上师那里得到的。只有更加精进地修学、闻思、广行善事，才能以自己尽速解脱的功德回向给法界众生，与大家同脱轮回苦海，共趋涅槃大乐妙境。

在学佛之路上就这么平稳而快乐地走着，但1998年的农历四月初八，我却遭遇了学佛以来最最痛苦的一次打击——我的那位塔尔寺的堪布师父圆寂了。我接到这个消息后的唯一反应就是痛不欲生。心里面除了痛苦还是痛苦，简直不知干什么好。就在当天的深夜时分，我在梦中见到了堪布。师父骑着枣红马，头戴五佛冠。他微笑着对我说："你看似很坚强，内心却为何如此脆弱？本来人生就聚散无常，光哭就能了脱生死吗？你应该去寻找你真正的大恩根本上师。"

得到了师父的这番训诫，我才稍稍控制住了纷乱失落的心绪。我开始留意起上师所说的"真正的大恩根本上师"这句话的含义来。1999年秋末，我在大连阿姨家头一次见到了法王如意宝的法相。当时的我内心非常高兴，就像见到亲人一样。没有丝毫犹豫，我就对老人家做了头面顶礼。顶礼完毕，我忽然就想到了那位堪布的话，会不会他就是我的根本上师呢？一想到这，我的心就怦怦直跳，同时，一股无法言喻的巨大喜悦与归宿感立刻遍满全身。法喜充满的我当下就决定要去拜见法王。

来到色达喇荣佛学院并最终见到法王以后，我久悬未决的心终于尘埃落定了。我想我今生再也不会遇到比这里更殊胜的道场、比这里的上师大德更相应的导师了。特别是在听闻了堪布传讲的《中观四百论》后，久惑不解的许多问题全都获得了圆满的答案。平生第一次，我知道了这世上还有一种究竟的见解——大中观；平生第一次，我知道了大圆满的最究竟见解，竟是连“执中”也不要执取，而且连不执取“执中”之见解也不要执取。这样的生命该是何等洒脱啊！因为没有一物、一情能再挡住你的心遨游八极。

再接下来，便是2000年2月19日这天，我平静而自在地进行了剃度仪式。当一缕缕青丝被缓慢地剪落时，我的思绪又快速地翻回童年的记忆：曾经为父母的不公而怨恨在心、苦恼在怀。这么多年过去了，总算明白了一个道理：即使是我和弟弟平均分得了父母的爱，但人世间还会有别的不平等在以各种方式、于人生的各个阶段上等待着我们。只有清净的心地才可以做到平等，而清净的心只有依靠佛法才能感得。

平等的世界不在天上、不在人间，它就在一个个被佛法浇灌过的心田里！

在圆慧的叙述中，我感触最深的是她人生经历当中的酒店工作情景。我总在想，作为人类，如果以杀生来维生的话，那这个世界就真的像是人间地狱了——人类的花园是建筑在动物们的尸骨上的。这样的风景充满残忍与血腥，毫无诗意可言。

人世间有千千万万的行当，为什么我们要选择以杀害生命为生的职业？把自己的生存维系在残杀另一个生命的方式上，这是一种愚者的残酷行为。因为不管你是不是佛教徒，只要是一个心地善良的人，都不会把生命——不管是自己的还是别的众生的，当成儿戏。

想起来非常心痛，在当下这个末法时代，有些号为大德名僧之人也开始开办酒店、残害生灵。如果是大成就者以方便法调伏众生；或能在特殊因缘条件下，超度所杀之生灵，使它们获得解脱，那应当悉听尊便。否则，这些人只能算作相似的修行人。因为佛陀制定的戒律里面明确规定不得杀生害命。从世间角度来说，动物保护运动也正风起云涌，而动物保护观念更是深入人心。比如世间哲学家叔本华，对他的哲学观点我并不赞同，但从基本的人性角度，我倒是十分赞赏他的这句话：“凡是对动物残忍的，不会是个好人。”

所以很是替圆慧感到庆幸，她终因善根的成熟而跳出了杀生这一自陷陷他的火坑。我相信，在平等、清净、永恒的生命花园里，圆慧这朵小花一定会越开越鲜艳、越开越长久的。而对那些以杀生为生的人，我要说，你们听着：再不忏悔改过，你们都不会被善良的人们当成好人！

珍贵的眼泪

学佛人步入佛门的因缘各有不同。有人以听闻上师名字或目睹上师相片而结下佛缘；有人则是一听闻空性之理便涕泪满面……不懂佛法的人根本不理解这些其实都是有缘者善根成熟的表现。距今近两千年前的伟大佛教学者月称论师在《入中论》中曾有颂云："若异生位闻空性，内心数数发欢喜，由喜引生泪流注，周身毛孔自动竖。彼身已有佛慧种，是可宣说真性器，当为彼说胜义谛……"这几句话的意思是说，倘若一位初发心者，闻受空性深义后，内心数数引发欢喜，而于外在引生眼泪直流、周身毛孔自动竖立等相，由此测知此人已经具有了佛慧的种了，是可以宣说诸法真实性的法器，堪为大乘空性的契机者……

因此我们应该知道，有人在上师、佛像前哭或听闻佛法后就哭，并非如俗人所认为的那是假装、是大脑有问题，而是他们的宿世善缘在一个偶发的情况催化下当下成熟，是他们心中潜伏的佛性种子开始萌芽了。比如汪心满，在我的印象当中，她就哭过好几回。不过没有一次是因为懦弱而哭、伤心而哭，更不是神经有问题而哭。那么她哭的具体因缘又是什么呢？

1963 年出生的我，姓汪名心满，从姓名上您也能看出我来到人间父母还是满心欢喜的。我出生在四川成都一个普通工人家庭里，父母同在一家从属于空军系统的修理厂工作。爸爸是调度员，妈妈是会计，他们都是党员，靠着他们的工资抚养我和弟、妹四人。父母是厂里公认的一对勤劳能干的夫妻。每天下班后总是爸爸买米买菜做饭，妈妈则做针线（那时还没有缝纫机）并收拾打扫房间。有时到我们家来串门的人一看到这整齐、明净、没有一丝零乱的房间，都不会想到这里“窝藏”着四个大小相差五岁半的小孩。妈妈性格严肃，不苟言笑，而爸爸却性情幽默，无拘无束。每天最开心的便是一家人围着桌子吃饭：大弟和爸爸性格相似，一唱一和地逗大家乐，说笑之间就把一顿饭“解决”完毕了。我的童年就是在这种饭来张口、衣来伸手的轻松环境中度过的。

从小学到初中，我的学习成绩在班上总名列前三名。那时我对整个世界充满着好奇与幻想，又喜欢编织、挑花、跳绳、跳橡皮筋等女孩子的活动。上高中后，由于神经衰弱，学习成绩急剧下降，看来考大学只能是梦想了。记得那时曾写过一篇作文，题目是《我的理想》，开头部分至今我仍记得：“一个白衣天使，驾驶着理想的翅膀，在蓝天下自在地翱翔。她救死扶伤，为天下所有的人解除身心病苦……那就是我。”

医生没当成，我倒是在父母的工厂里做了一名车工。为了摆脱这种繁重的体力工种，我在1984年考取了四川广播电视大学的电气工程专业。三年后毕业，没想到我仍被分配回父母的单位，而且还在原岗位，还是个车工！

如果用世俗中常用的字眼，诸如“才气”“机遇”“运气”“能力”“感觉”等来形容我的境遇，那我想我只拥有了感觉，而且是失落的感觉。俗话说“男大当婚，女大当嫁”，我也没能力跳出这世俗之网，于是，接下来我便找到了现在的丈夫——李军。好像这一切都在随着大流让你不自觉地往前走，似乎也并没有人逼迫你，但总感觉好像身不由己。

因为不喜欢工作，而那时又时兴经商，于是我也开始琢磨起下海的事来。我想大学生经商应该没问题吧，那么多没文化的人都能发家致富，我至少也得当他个几十万元户吧？于是1989年春，我便开了一个小小的干杂店。那段时间真是很辛苦，白天要上班，又要进货，晚上还要守铺面，一门心思就想多赚钱。现在想来，金钱对人的驱动力实在太大了，搞不好就会把人彻底拖进去。可是在我苦苦经营了一年以后，最终还是因管理不善而不得不结束了这次经商生涯。万念俱灰中，我又想有个小孩，这回倒是心想事成，1990年，我的女儿出生了。可能做妈妈是女人最幸福的经历吧，看着女儿可爱的面容，我感觉这个世界都消失了，只剩下女儿一个人。真是可怜天下父母心，有了女儿我才得以深味母亲的慈悲。

我就这样按部就班地过着日子，一直到三十四岁以前都从未听说过

“佛”字。“佛”这个字的含义，我还是从小弟那里听来的。小弟和我在同一家工厂工作，他是车间里的技术骨干。小弟兴趣广泛而不专一，音乐、冬泳、气功，样样都不放松，特别是练气功，练得十分精勤，最终的结果是把一身肌肉都换成了泡泡肉，为此我们全家都嘲笑过他。当他放弃气功又转向学佛时，我们都替他担心：这次转向会长久吗？小弟每个星期天都要上昭觉寺去为出家人服务，因为他的同学刘旭东已辞去工作，在昭觉寺出家。我弟弟的工资除了吃饭几乎全都用于放生了，因为总在野外放生，故他经常被蚊虫咬得一身红肿。自从学佛后，他连女朋友也不要了，在他小小的卧室里设了佛堂，一门心思就知道念经拜佛。都快三十岁的人了，还不考虑婚姻，结果惹得父母倒着急了。我对他的举动也感到奇怪，为了了解他的内心世界，我便也开始接触起佛教书籍（这可能是一种缘分吧，我们全家除了我以外，没人想到要这样做）。记得看的第一本佛书是《释迦牟尼佛传》，当时的感觉就好像阅读了一本美妙的神话故事书似的。小弟对我说那绝对是真实的，根本不是神话。他又督促我赶快读《了凡四训》，以反省人生。

有一天，弟弟又送我一本介绍藏地色达喇荣佛学院里的高僧大德的书，并说书里的人物过几天就会来成都，让我一定要去见识一下什么是“活佛”。我几乎是一口气把书读完的，边读边为藏传佛教的殊胜以及那些修行者不畏艰难的求法精神所震撼。在这种感动的余波还没过去以前，1998 年 10 月 14 日，书中的人物就真的活生生地出现在成都的中央花园了。当时我与大家坐在楼台上静静地等候法王如意宝晋美彭措上师的出现，不知为什么，我的眼泪竟一直一串串地滴落下来，最后实在忍不住干脆就哭出了声，而且哭声越来越大。周围的人们都看着我，我也不知道为什么，反正就是想哭，止不住地想哭，好像积聚了几十年的委屈马上就要得以在父母跟前宣泄似的。当时有两个喇嘛走到我身边，手拿念珠不知嘴里念了些什么，我的哭泣才慢慢地止住。而当法王的形象第一次在我面前出现时，我的脑海里便永远刻上了那张伟岸、慈祥的面容。

1999 年金刚萨埵法会期间，我终于有缘来到了色达喇荣佛学院。那次我是跟戴居士一起去的，她和女儿、侄女、嫂子都在佛学院出家修行。我们的车到达佛学院的时候，正是法会开始的第一天。我感觉很奇怪，怎么到了学院后头脑特别清晰？我径直奔向大经堂，开始了生平第一次拿着念珠念诵“嗡班杂萨埵吽”的经历。当时也不懂观想本尊，我就观想法王如意宝的形象，并忏悔自己的罪过。那一阵子，以美国为首的北约组织正与南联盟作战，美国还用导弹炸毁了中国驻南大使馆，造成中方工作人员死亡三人的惨剧。我就为这场战争忏悔并祈祷世界和平，还将功德回向给死难人员。就这样，念着念着，我的眼泪又流出来了，接着又开始哭泣……十天的法会我哭了有好几天，直到最后才慢慢把眼泪收干。

法会期间，天上掉下来许多白色的舍利子，据说只有有福报的人才会捡得到。当时的我只知道看着觉姆们捡，自己也没想到要去捡几颗。5 月 27 日，金刚萨埵法会进行到下午 6 点钟左右时，在法王讲法用的“三解脱门”

房前的玻璃窗上忽然显现出一个人的头像，第二天还能看见。当时我不懂那是谁，后来才知道那身像是麦彭仁波切。那天晚上大经堂里挤满了四众弟子，大家都在激动地唱念着“嗡班杂萨埵吽”，那真是个无比殊胜的夜晚。法会圆满后，我发愿将持诵一亿遍金刚萨埵心咒，以便早净业障、早登菩提。

我真的很喜爱色达喇荣佛学院那日月同辉、湛蓝湛蓝的天空，还有那雪白透亮的云彩。来学院之前，我曾做了一个梦，梦中有一位穿着喇嘛装，站在绿草映衬、鲜花盛开的草原上，满脸挂着笑容的人。现在我总算认出来了，那就是我啊！

自从经历了这次法会后，回到成都，我感觉自己清净多了，戒律能自然护持，烦恼也消除了许多，还能带动丈夫也精进持咒。学佛日久，我越发觉得佛教从某种意义上来说就是一种教育与研究，而它的研究范围则遍及整个宇宙。就人类而言，它要求以清净心来观察这个世界的真相，并且要做到“诸恶莫作，众善奉行”，教育我们如何为人处事、取舍因果；如何发心、发愿去成就所想之事；怎样化解宿世的孽缘……佛陀要大家都以菩提心这个法宝去对待所有的人、所有的生命。如果真能那样，那这个世界上就不会有冤家，也不会有战争，这个世界不就变成快乐的人间净土了吗？！

学佛不能没有慈悲心、菩提心；学佛不能没有善知识；学佛不能没有闻思修；学佛不能没有证悟的上师。现在我正在学院具德上师的指导下，稳步按照大圆满的修行要求努力闻思修行。我为我能拥有暇满的人身而骄傲，也盼望天下所有的众生都能沐浴在佛法的甘露妙雨中。

把汪心满的经历记录下来后，突然有人来叫我到金刚萨埵殿外处理一件紧急事情。当我来到金刚萨埵殿堂前，不由得感到一阵阵悲凉——此时的金刚萨埵殿已空无一人了，真是“诸行无常”啊！想想去年开金刚萨埵法会期间，汪心满他们一千多汉族四众弟子还聚集在这里念诵咒语，大家济济一堂，共同发心为自己、为全人类忏净业障。但不知什么原因，到现在为止，汉僧却几乎流失殆尽了。眼下，这个经堂已成了一座空城，只有我和水晶塑成的金刚萨埵像四目默默相对……

不过转念一想，聚际必散是铁定的自然规律，人世间哪一个朝代的更迭不是“法尔如是”呢？

去的就让它去吧，只要佛法能在各地弘扬开来！

带着一些悲哀，还夹杂着一丝希望，我转身离开了金刚萨埵殿。

如何面对生死

世间人大多对未来充满幻想与期盼，故而他们才会对将来的生活、事业、前途等处处算计，时时营求。不过在种种的安排与计划中，没有宗教信仰或修行不上道的所谓“教徒”们，却总是缺乏或忽略了对必然到来的死亡的打算。在与社会各界人士交流时，对这一点更是感触深刻：他们的人生设计几乎全部针对今生的短暂时日，这多少有点像只知今天不知明日的味道。当人们的目光短浅到如此地步时，他们可能完全意识不到，其实不论富裕也罢，贫穷也罢，在无法摆脱的死亡面前，恐怖的阴影是会侵夺掉所有自以为是、自认为把握及创造了自己命运的人那点浮沫似的自信与成就感的。真希望人人都能了解并直面死亡，并最终借助佛法超越死亡。我相信没有哪一种世间学问能如佛法一样，可以让我们真正计划好自己的人生，可以让我们轻松驾驭驶向永恒、自在彼岸的生命航船。

许多世间知识分子也越来越自觉地认识到了这一生死问题，并开始以佛教的观点深入对这一问题的探讨。如锦博士就是这些人中的一个。

如锦毕业于南京大学，后又于某大学连续获得有关西方文化的硕士、博士学位。她在谈到这一问题时说道：

作为世界三大宗教之一的佛教，在其两千五百多年的发展历史中，以其深邃圆融、透彻宇宙人生的大智慧，慈悲济众、清净安详的思想境界，教化人伦、导人向善的道德规范，吸引了一代又一代的有智有识之士投身到对它的研究、实修与弘传之中。在当前这样一个竞争压力日渐增大，许多人感到恐惧、痛苦、迷茫的社会，如果人们能深入佛教的话，它的悲智甘露定会润泽世人那一颗颗烦躁不安的灵魂，使之都归于安详与宁静。难怪有越来越多的人都选择佛教当作自己的精神家园，此中缘由正如印度的大学者古伦斯南博士所言：“拯救世界危机，首先要改造人，这一点没有比佛陀的教导更完美的。”面对社会人心的种种忧患、现代人隐埋于生活表层之下的各种烦恼痛苦与心理障碍，佛教真可谓是改造人类身心的首选妙药。

我个人以为，在人们众多的思想行为当中，最欠缺的思想是对来生做准备的思想，最不应理的行为是不考虑后世因果报应的行为。所以众生才会在“生命只此一回”的思想观照下，极尽追逐物欲、超前享受、疯狂占有、拼命掠夺之能事。因为他们笃信“人死如灯灭”，故而才会尽享今生，并由此带动整个社会的畸形发展。不知他们思考过没有，这种蝇营狗苟的生存，实则毫无价值与意义。憨山大师早就指明过这一点：“春日才看杨柳绿，秋风又见菊花黄。荣华终是三更梦，富贵还同瓦上霜……顷刻一声锣鼓歇，不知何处是家乡。”

正因为“万般带不去，唯有业随身”，我们才应该重新规划此生，重新看待死亡。“此身欲往知何处，三界茫茫愁煞人。”只有树立了正确的死亡观，人们才能正确处理今生的一切所作所为。

佛教对此问题的看法是：人绝不可能只有一世生死，我们必须以今生的努力行善、证悟空性为来生打好基础，乃至借此彻底超越生死、回归永恒。

现时之众往往也能理解人生不过百、青春难再的道理，但他们常常都会从反方向落实这句话的含义。要么悲观绝望、消极遁世，要么及时行乐、放纵欲望，特别是后一种人生态度，更占据了时下大多数人的心灵空间。在这种短期目标的促动下，人们开始为所欲为地扩张自我心性，不仅向大自然，亦向同类及所有众生伸出了攫取的双手。所以才会有尔虞我诈、兄弟相煎，才会有自然环境大规模、大范围地被破坏。

我们不考虑调适人心、协调人与人及人与自然之间关系的主题，反而整日都在为金钱、权势、家庭、身体做种种准备，种种营求，在拼命追求享受的过程中，掩盖生命本质的空虚。我们准备了那么多，却唯独不准备下一世，一旦无常到来，除了手足无措、悲惨啼号之外，我们还剩下什么可以凭依的与死亡作战的工具、手段、信心？凡夫要么否定死亡，假装它不存在，或是小事一桩；要么就恐惧死亡，避讳或拼命拖延它的到来。记得泰戈尔说过："生如夏花般绚丽，死如秋月般静美。"但这种诗意的生与死，只有依佛法教言精进修行之人，以及在佛陀教导下早已对死亡做好准备之人，才能达到如此境界。因为只有佛教的生死观才会告诉我们：生命是绵延不绝的，好好利用今生吧。只有如此，我们才能在死亡降临的那一刻，凭借平日的功用抓住中阴的刹那，从而彻底主宰生死，并至回归法界的本来面目。如此一来，死亡就成为了一生中最珍贵、最光荣的时刻——只有体味了它的空性本质，我们才能回复无生的永恒状态。

现代人在单调而机械的生活轨道中，痴心正浓、烦乱正盛、时刻充满喧嚣与躁动。他们崇尚自由，却因丧失了正确的信念、方向、方法而成为名利的奴隶；他们希求幸福，却因没有佛法智慧的指引而成为痛苦人生的牺牲品；他们留恋过去、忙碌于现在、幻想着未来，但就是不知道佛法宣讲的过去已逝、未来尚未存在、现在不可靠的道理；他们孜孜以求、患得患失、贪欲永无止境，但就是不明白不思索富贵如浮云、感受变成空、朋友终失散、知识会落伍、身体离我去等事实真相。真可谓"老病死生谁替得，酸甜苦辣自承当……生前枉费心千万，死后空执手一双"，如果庭花落后尚能逢春的话，此身灭后魂又归何处呢？

"人生寄一世，奄忽若飙尘。"去体认体认佛法的道理吧！唯有如此，我们才会因了知了因果的不虚而积极筹划生死之间的生命之旅，才可在死亡之时从容应战，并取得最后的胜利。

《大宝积经》云：佛告弥勒菩萨：若金、银、琉璃、珍珠、珊瑚、珠宝及诸乐具，不能令人离于生老病死、忧悲苦恼。弥勒，唯有正法能大利益，令人离生老病死、忧悲苦恼。世间俗人误以为执著外物是生活幸福之所在，其实佛陀早就告诉我们，幸福存在于心。而了达心的本质、生活的真实状态，通往快乐安详的生命境界，唯有依靠佛法才能达成。

生命是神圣而庄严的。在仇恨、冷漠的地方，我们应播种宽容与温情；在失望与烦恼之地，我们应播下希望、信心；在悲惨、痛苦的心灵里，我们应播下喜悦与祥和。而所有这些美好境界的实现，无一不需要佛法智慧阳光的普照。只有佛法的前后世存在、善恶有报、般若空性的种种理念，才可以让我们活在当下，活在理智之中，活在不畏死亡的快乐信心中。

“春有百花秋有月，夏有凉风冬有雪。若无闲事挂心头，便是人间好时节。”而要无闲事存心，如果看不透世事的无常本质，不知道死亡、中阴的可利用价值，人们又何能安享生命本具的丰富内涵？

“流水下山非有意，片云归洞本无心，人生若得如云水，铁树开花遍界春。”了达了死亡的意义，知道了人人都可在中阴状态下突破六道轮回的限制，我们就更会珍惜现前的每一分每一秒，因眼下的诸多努力都在为超越死主阎罗的催逼积累资粮。

生命如果展开了它那最美妙的真实，我们的每一天便都可活在健康与安详之中。到那时，死除了意味着更高质量的再生外，哪里又会有一丝一毫的苦痛？！

人生转折

学习佛法需要一颗稳定的心和一种持久专一的精神。如果做不到这一点，今天依止一个上师，明天又另攀高枝去学别的上师所传之法，短暂的一生就在这种毫无定解的东飘西荡中被打发掉，那此生的这种“修持”究竟有多大意义？

在我的印象中，有些地方的道友研习佛法非常稳重而求实。而有些地方的人则喜欢南来北往、逐流而去。故而我对四川绵阳地区的在家人一向评价颇高，他们基本上做到了一门深入。记得第一次到绵阳的金刚道场大约是在1991年，整整十个年头了，那里的道友们无论是闻思修还是做放生、印经等功德事，都能十年如一日、坚持不懈地行持下来，这样的修行人真值得赞叹。

蔡建就是这其中的一位。感觉当中，他对佛教的虔诚总是让人感动。在用世间法，特别是以科学观念思维人生的真义而不得后，他最终决定按佛法究竟而深妙的教义度过自己的一生。这中间当然会有一段转变的历程。

我姓蔡名建，今年三十五岁，出生在川中的工业重镇——绵阳，父母均是一家大型国有企业的职工。如同大多数的厂矿弟子一样，没有经历过什么大的风雨，顺理成章地我就从幼儿园上到小学、中学，再到技校，而后参加工作。1987 年我考上四川广播电视大学，1990 年毕业后回原厂继续工作。

从小所受的教育，使我对看得见、摸得着的物质世界深信不疑并孜孜以求，而对那些名人专家所说的话更是宁信其有、不信其无。但科学发展的事实本身却是，新的理论取代旧的理论，并使其日臻完善。因此，纷繁变幻的事物和层出不穷的种种理论，真的让我们有些无所适从——即使是爱因斯坦的相对论到了今天，也已然暴露出它的局限性。

对外部物质世界的探究不断延伸的同时，我们对自己内心世界的探索却相形见绌。各种哲学思想流派之间的纷争已经延续了好几千年，至今仍难以建构起一套令所有世人心悦诚服的理论体系，更遑论指导人心及社会的健康走向了。这就造成了思想领域中，你方唱罢我登场、各领风骚数十年的热闹而混乱的局面。

正如佛陀所说，众生本来都想得到安乐，所谓财、色、名、食、睡，凡夫无不想借此以达安乐，我也未能免俗，普通人所有的七情六欲我样样不少。因此，从平常的琴棋、书画、歌舞、体育，到玄妙莫测的奇功异能，乃至邪门歪道，我样样都想尝试以期庆快此生。就这样忙忙碌碌、乐此不疲。但每每新鲜刺激过后，我不禁要扪心自问，难道这就是生活吗？这就是快乐吗？这就是人的一生吗？

带着许多疑惑，我开始走入佛门。虽然后来接触过一些佛教方面的书籍，也得到了一些大德的加持，但因自己愚劣，加上没能按次第系统地学习佛教知识，故而一直在似是而非、不得要领中过活。感谢佛菩萨的垂怜，1994 年我终于踏上了色达喇荣佛学院这块净土。记得当我们一车人历尽了一路的艰辛，总算跨入了学院大门的那一刻，就如同流浪多年的游子回家一般，泪水不禁潸潸而下，许多人的眼泪一直流到大经堂方才停止。虽然来之前就听说了学院的壮观，可我还是被眼前的景象惊呆了：呈莲花瓣的山谷中，一排排木屋如繁星一般围绕着中心可容纳万人的大经堂，那气势真是庄严无比，不愧“佛教都市”的称号。同样令我惊奇的是这里浓厚的闻思修气氛。尽管以后我每次都是来去匆匆，无缘更多亲聆法王如意宝的谆谆教诲，但单从那些活佛、堪布的日常举止中，就已令我体验到如饮甘露一般的感觉。他们安详、平和的自在神态；深入浅出、犀利如剑的学识与见地；悲天悯人、等视群生的慈悲胸怀，总让人感觉如沐春风，其乐也融融。而且更主要的是，我心中的诸多疑惑，在他们的点拨下，如乌云见日般越来越少。现在，我对因果是世间的法则、空性是万事万物的本来面目等这些正见，已有了一点相似的定解，因而也明白了追求快乐的正确方法是信守因果、善待他人，而快乐的至极则是要证得显空无二的无上大圆满境界。

在与一些佛教界高僧大德的接触中，最令我感动的是他们那种严于律己、慈悲待人的高尚人格。这种高尚人格所带来的魅力，使每一个与他们接近的人都感受到一种从未有过的安乐、宁静与感动。如果世间的每一个人都有如此高尚的人格，那这个世界不就成了人间净土吗？法律与制度只能从外部制约一个人的行为，却无法从内心彻底改造一个人，而佛教在这方面却有着得天独厚的优势。我所接触的为数不少的佛教徒，因为敬奉因果，并以佛陀“诸恶莫作，众善奉行”的准则要求自己，因而他们中的绝大多数都能自觉地遵守国家法纪，充满爱心地对待身边的每一个人。我在这些大德和佛教精神的感召下，虽然也发心做了一些事，但不要说与那些大德相比，就是和身边的师兄们比起来，都感到十分羞愧。如果说佛教给我带来了什么收获的话，那就是每当看到身边的人为一己之利而产生无尽烦恼时，我就会为自己的选择感到无比的庆幸。

通过几年来的闻思，使我对佛法及上师三宝产生了不可退转的深信。我会以不变的信心，继续我对佛法的追求。同时也希望那些还没有走入佛门的人，能尽早领受到佛法的甘露，共同走向究竟解脱的大圆满之境。

蔡建给我讲完他的人生转折后，时针正好指向正午12点。可能被他的表白所打动吧，此刻的太阳竟放射出一阵强烈的异光照到我们的头顶上。

我感觉周围的氛围一下子变得热烈起来。在这种让人不由得迸发热情的空气中，我的脑海又一次回响起他刚才在谈话结尾时所发的誓愿。如果他能保持这种永不退转的信心，在三宝不可思议的力量加持下，仅通过这种清净而坚定的愿心，他也能速得成就。正如《信力增上经》所云："若人三宝前，即使敬合掌，亦不堕恶趣，获得如来果。"更何况蔡建并不单单是"敬合掌"，他的心已全部放在了佛法上。

走过的路

一次我乘车去城里办事，恰巧孟娴等人也在车上。汽车飞驰在起伏的山路上，窗外的景物被远远地甩在脑后。孟娴看着窗外，似乎有所感触，于是便主动向我讲起了她走过的路。

我曾就读于黑龙江广播电视大学，所学专业是财会，毕业后在一家商场供职。每当站在柜台旁，看着匆匆的人流从我面前走过时，我的心都会有一种触动。我为世人每日处于营营绕绕的生活中不知出离而感到可怜，又为他们不去寻求佛法的甘露而感到惋惜。想到自己以前虽也像他们一样，在喧喧扰扰中虚度了太多的时光，但今天总算能回心向佛，得到佛法的沐浴，这又使我感到无比欣慰。

穿越时空的隧道，我仿佛回到了十年前我那温暖的家。我的家庭虽很平凡普通，却非常幸福和睦。父母间的恩爱、父母对子女的呵护是有目共睹的。可以说，我是在充满爱的环境中长大的。那时的家境虽不是很富有，但每个家庭成员都将全部身心投入在家庭中。我们把家看得非常重要，也正是靠每个人的爱心，才撑起了这个地处北方的小茅屋。不论严寒还是酷暑，家都会带给我们舒适和温馨。所以当时很多人都对父母说："你们有两个听话懂事的孩子，真幸福。"也有些人对我说："你有这么疼爱你的父母，你真幸运。"在一片赞叹声中，我也真的认为我很幸福、很满足。

可是有一天，当爷爷突然去世的噩耗传来时，家中每个人都惊呆了。也就在那时，我忽然意识到，我们所过的"幸福生活"其实并不可能永久长存，人的生命是脆弱的，就在呼吸之间。爷爷在走完他坎坷的一生后，孤零零地踏上了死亡之路。从那以后，我变得非常害怕，害怕身边的人也会像爷爷那样舍我而去。如果真是那样的话，谁还会疼我、爱我呢？一次，我对妈妈说："妈妈，你不要死，我离不开你。"妈妈说："傻孩子，人总会死的，就像枯黄的落叶，自然会掉在地上。"如是普通的一句话，却在我的心底打上了深深的烙印。从此以后，我的性格就开始发生了明显变化，我从一个爱说爱笑的小姑娘，变得沉默寡言了。而在我的头脑里，一些问题开始不断地闪现：人为何而生，又为何而死？人生的意义是什么？死后去哪里？……

随着时间的流逝，我走进了中学，再往后，又迈进了大学的校门。往昔萦绕在心头的疑问，不仅没有淡忘，反而越来越占据脑海。为此，渴望了知生命实义的我又钻进了图书馆。在看了很多书、查阅了很多资料后，我觉得除了知道了一些学说思想外，收获并不大。因为无论哪位哲人、大家，不管他对人生诠释得多么美好，他的理论多么能自圆其说，但当他面对自身现实时，有谁能超越自我呢？又有谁做到了内心与外境的一味统一呢？牛顿晚年研究神学、王国维自杀……这些说明了什么呢？了知了他们的不彻底后，我便不再依赖他们了。为了解开心结，我又向老师请教，向朋友们探寻，可是所有的人都不能给我理想的答案。也许是执著太深的缘故吧，我当时感到非常失望与痛苦。那段时间里，我忽然觉得，是否人对有些问题是永远也搞不明白呢？如果是，那就让我的疑惑永远埋在肚里、烂在心里好了！

听着孟娴的叙述，望着远处移动的群山，我忽然想起了丰子恺先生对人的三种分类：第一种人，仅满足酒色财气，属生命欲弱者；第二种人，不安于现状，而去追寻文学艺术、科学的底蕴，属生命欲中者；第三种人，了知科学、艺术亦非究竟，而去探寻人生的奥义并进入宗教，属生命欲强者。那么，孟娴属于哪一种人呢？我转过头打断了她的叙述："那你以后自我感觉找到了真正的答案没有？你又是以什么样的因缘步入佛门的呢？"

虽然我也打算放弃对人生的思考，而去随顺现代潮流，及时享受人生，就像同学们劝我的那样："别给自己套枷锁了，人生一世，草木一秋。痛痛快快地玩吧！"但天生的性情却使我始终放不下对人生实义的追寻。也许是天无绝人之路吧，有一天，一位同学给了我一本《觉海慈航》。求知欲促使我缓缓地翻开第一页……此书内容不多，只是介绍了佛法的一些基本知识，但不知为什么，我却被它深深地吸引住了。由于此书的接引，我似乎在黑暗中见到了一线曙光。从那以后，我开始逐步学习起佛法来。看佛菩萨以及高僧大德的传记，研读佛经，去寺院向师父们请教……就这样由浅入深，渐渐地，我终于明白了，原来，一个人的悲欢离合、吉凶祸福全是由自己的心造就的，并没有一个外在的造物主决定着人们的命运。业感缘起的道理、诸法无自性的深刻剖析恰到好处地说明了人间万象的差别与统一。佛陀之所以成为佛陀，就是因为佛陀自己已实证了法界本性，实现了心境不二的统一；佛陀超越了一切凡情爱染的束缚，断除了一切执著烦恼，恒处于一种清净无为的境界中；佛陀是最圆满的人；而世间人的所作所为都是在一种遍计执著的基础上向心外驰求发展，如此只能使心越来越迷乱，恒时感受无法摆脱的痛苦。

认识到这些，我的心自然而然地被佛陀的博大胸怀、深广智慧深深地打动了，因而对佛陀的崇敬之情便油然而生，于是我毫不犹豫地皈依了三宝。

我常常感慨，世间人天天在那里想啊、研究啊，可仍有许多问题困惑着人类。既然如此，那为什么我们不能把眼光转向佛法，从佛教中吸取营养、获得智慧呢？两千五百多年前，佛陀已明确地告诉了我们宇宙人生的真相，可我们这些愚痴的众生却视而不见、充耳不闻，偏要在“我执”的基础上去分别妄想，这怎么会有好结果呢？

皈依三宝后，我心里觉得很踏实。依照佛陀的教诲，我认为自己会做得很好。可是谁曾想到在后来的工作实践中，因人性的贪婪，我差点落入深不见底的深渊。在当今这个物欲横流、金钱至上的社会里，虽然人们整天高喊口号，但实际上每个人都没忘记自己要做什么——那就是把钱放进自己的口袋。我也一样，在攫取金钱的这股汹涌的旋涡里，很快便难以自拔地陷了进去。人总是在不知不觉中就迷失方向，难道真是“不识庐山真面目，只缘身在此山中”吗？此时的我站在人生的十字路口，又一次陷入困惑迷茫之中。不知不觉地，仿佛受一种隐隐的召唤，我又一次来到了久未探访的寺院。寺院依旧，可人已变迁。一位僧人正打扫着凋零的落叶，“刷刷”声不时响起。我的脑海里不觉浮现出了憨山大师的《醒世歌》：“荣华总是三更梦，富贵还同九月霜。”想想曾致力于追求金钱的我都做了些什么呢？愧疚与懊恼袭上心头，苦涩的泪水此刻已爬满了我的脸。这时我才幡然醒悟，原来人的一生不能离开佛法，如果没有了它的照耀，生命将是灰色的、暗无天日的。若没有佛法的拯救，沉溺于财、色、名、食、睡中的灵魂将是悲惨的、可怜的。我暗下决心，我再不能忘失佛法了，今后我应在佛法的指导下，走完未来的人生路。

在喧闹的都市，我深深地体会到了尘世的可怕。为了寻求佛法，我放弃了眼前的生活，来到了佛法中兴之圣地　色达喇荣佛学院。这里风景秀丽、景色宜人，千万个僧众在闻思修，在享受佛法的甘露美味，此情此景令人心中不由就生起无边的遐想与赞叹。在朝礼整个学院时，我见到了供养三千盏酥油灯的壮观场面。当那一盏盏明灯闪烁着跳动的火焰时，我的信心之花也在那灯光所形成的虹光影海中绽放了。刹那间，我仿佛看到了无数的僧众正高擎法灯，照破茫茫长夜，点亮愚暗众生的心间。

时间飞快地流逝着，距县城二十多公里的路程，似乎一会儿就走完了。孟娴的故事深深地吸引了我，当县城边上那壮观的菩提大白塔呈现在眼前时，我才意识到快要抵达目的地了。望着那巍峨的大白塔、迎风飘动的经幡，再回味一番孟娴的故事，不免生出几分感慨:爷爷之死打破了她对“幸福之家”的幻梦，由此使她开始探寻生命的意义并最终认定了佛法。不过环境的影响，又使她曾一度步入人生的误区。可喜的是，她并未沉沦其中，而是最终走上了修学佛法的光明之路。经历如是的过程，又能重回正路，确实不易。同社会上那些被欲望所淹没的人相比，孟娴应该属于清醒的智者一类吧。孟娴的叙述结束了，同车的尼众们也被她的故事所感动，大家都沉浸在对佛法、对人生的感悟与沉思中。

当汽车驶入金马大广场，市镇的喧扰扑面而来时，一丝悲哀又开始悄悄掠上我的心头。这些东奔西走的人啊……

附　录

现实生活中，有人遇到上师特别冲动，一上来就把上师看作佛："上师您是佛，太了不起了！"其实，在最初依止上师时，不要急着视师如"佛"，最好先把上师看作是一个"人"。

初学者不应视师如佛

利用这个时间，简单讲一讲初学者如何依止上师。

依止上师的道理，在无垢光尊者《大圆满心性休息·第五品》《如意宝藏论·第八品》、智悲光尊者的《功德藏》、宗喀巴大师的《菩提道次第广论》《事师五十颂》以及《大圆满前行》等众多论典中，讲得都比较详细，并且主要是结合密宗的不共见解，宣说了上师跟佛陀无二无别。

而这些论典也全都教诫：依止了上师以后，一定要如理如法、依教奉行，如果违背了上师教言，就会直堕金刚地狱……如此教言，可谓比比皆是。

那是不是这样呢？确实是！一位真正的善知识，就像《华严经》里讲的：他的密意如大海般难以测度；他的智慧如虚空般广阔无边；他的悲心犹如江河源源不断……所以，有正知正念的人，一定要虔诚依止。

但现在的问题是，在汉地为主的许多地方，大家依止上师的过程中，许多事情冒了出来。今天就针对这些，跟大家谈一谈：作为初学者，一开始不应该“视师如佛”。

一、初学者要先视师为“人”

为什么这么讲呢？要知道，其实上师在我们佛教中的角色，可以说是一个代言人。

谁的代言人呢？释迦牟尼佛曾对阿难说：“阿难莫哀伤，阿难莫哭泣，我于未来时，化为善知识，利益汝等众。”可见，上师是佛的化现；既然是佛的化现，也就是佛的代言人。那对这位代言人，我们要不要观察呢？要观察。相关的论典中都说：刚开始结上善缘时，你一定要多方面地观察上师。

不过遗憾的是，现在大多数人基本是不观察的。对此我也有所了解，有人一遇到上师就特别冲动，他似乎很信赖一种特殊的缘分，就像世人所谓的“一见钟情”。

“一见钟情”，以这种方式能不能找到好的上师呢？不排除这个可能性。但依靠这样的冲动，是不是就能视师如佛了呢？很难讲。所以对我们而言，最主要的，就是要清楚自己是一个普通人。

印度有八十位大成就者，像他们那样的根基、精进和信心，我们有吗？不一定。像米拉日巴、常啼菩萨那样的经历，我们做得到吗？可能也不行。所以，既然我们都是普通人，那在最初依止上师时，就不要急着视师如“佛”，最好先把上师看作是一个“人”。

在你视师为“人”的过程中，顺理成章，就可以观察他了。

现实生活中我常发现，很多人刚开始就把上师看作佛，以为这就是视师如佛：“上师您是佛，您太了不起了……”如果你遇到的上师，确实也有着佛一般的境界，那你就恭维对了；否则，如果他连一般上师的资格都没有，那你就弄错了。

弟子们弄错了不要紧，但很可能把这位上师宠坏了，渐渐地让他生起增上慢：本来没得神通，认为已得神通了；没得阿罗汉果，也认为得阿罗汉果了……到了那时候，自己的过失看不到，别人的功德也看不到了。

可能上师刚开始也是有正知正见的，但弟子们太愚痴了，“上师您就是菩萨，您就是佛”，当面也说，背后也说，三门供养，恭敬承事……这样一来，说得多了以后，最后他也真的认为自己是佛了。

既然是佛的话，那行为上也不用刻意约束了，而就是在这个时候，这样的上师和他的弟子们很可能会做出一些对佛教、对自己都不负责任的事情，以致最终伤害了自己，殃及了他人，对今世不利，对来世也不利。

因此我建议：作为初学者，你一上来可以先视师为“人”，进而观察上师。佛教里专门讲“观察上师”是有原因的，因为这个“观察”非常重要。

但最重要的往往被忽视了，因为来不及。很多人一听到有人传法，来不及观察，马上去听；一听到有人灌顶，来不及观察，马上去受……其实大可不必这么着急，因为我们学习佛法，尤其是结上师徒之缘，毕竟是一件大事。

就像在世间，你要找个老师学习工巧，那至少得看看这个老师懂不懂工巧；你要学习英语，也要看看老师是什么学校毕业的，英文底子怎么样；要是谈恋爱，总得看看对方的家庭、背景、人格……

那天我遇到一个人，他说正准备与人合作一个项目。为了这次合作，他想摸摸底，所以专程从美国飞到中国，已经来过两次了。来的目的，一方面要当面跟这个合作者聊聊天，看对方到底是个什么样的人；另一方面，他也私下里问了很多人，从不同途径了解了许多情况，最后基本弄清楚了：这个人的人格很好，实力等各个方面也都不错。于是他决定半年以后正式签合同，做一个十几年的合作项目。

当时我听了，就想：我们依止上师，比一个世间合作要重要、长远得多，按理说更要谨慎，为什么许多人不观察啊？

一个上师来了，你供养他可以，他是出家身份，供养了有功德；你跟他说说话也可以，彼此了解了解。但要在佛法上结缘，成为师徒，那就像世间的两个人合作签合同一样，就像两个人要成家办结婚证一样，做这么大的事情之前，为什么不多观察观察？

假如一位汉地上师要来藏地传法，那这些想听法的藏族人就应该先到汉地去了解一下，这位上师是哪一个寺院的，是方丈、大和尚，还是小沙弥。亲自到他的寺院里去了解一下，是有必要的。同样，当一位藏地上师到汉地弘法时，你要得他的法，也有必要亲自去一趟藏地。一边看看藏地的风光，一边到他的寺院了解一下这个人，看他到底有没有上师的资格……

我之所以说这些，不是对哪一位上师不满，心里没有一点这种想法，只不过，在依止上师的方法上面，本身就是这样要求的。

而一旦你依止了上师，真正在佛法上结了因缘，能不能说过失呢？最好不要。智悲光尊者讲过：在你依止上师以后，即使发现了他的过患，也最好不说。如果你说出去，甚至诽谤他，那对你自己就构成了很大的罪业。

这就像签合同，合同签完了，你要是违约，即使你有理由——“刚开始我没看好、我不了解……”，但对方没变而你变了的话，那还是你的过失。

所以，初学者在依止上师之前，一定要先观察，要懂得视师为“人”，而不要急着视师如“佛”。

二、“视师如佛”是渐渐形成的境界

其实，把上师视为佛，不是一般经典都讲的，而是在无上瑜伽里才有。那里在修上师瑜伽——观想自己与上师的密意无二无别时，才要求把上师观作佛。但在你那样修持的时候，不仅要把上师观为佛，就是世间的一切众生，也都要观为佛。

《大圆满前行》里讲了两种发心：一种是广大意乐菩提心之发心，一种是清净心之发心。在观修清净发心时，就要求将上师观为莲花生大士，金刚道友观为二十五大弟子为主的清净眷属；或者将上师观为阿弥陀佛，

道友们都观为菩萨……那时候，你的确要把上师观为佛，上师身口意的一切功德、加持，也观想融入自己的三门。

不过，这种上师瑜伽的修法是比较深的，一般要渐次修持才能真实成就。

在你还不了解上师、信心未到量之前，一上来就视师如“佛”，到最后说不定就视师如“魔”了——“这个上师把我的钱骗了”“他在感情上有问题”“他的行为如何如何”……

造成这种不良后果，一方面上师有责任，可能他并没有如理如法去引导，如果他真是用佛法在引导弟子，弟子不会变成这样，或者说，上师的行为本身的确存在问题；而另一方面，弟子在观清净心方面，或许也是有问题的。

有人说：“那不管怎样，我只要观清净心就可以了。”能观起来当然最好，但实际上，如果上师的行为非常不如法，你要完全观清净心，也是很难的。

这件事以前我也想过：“上师如意宝实在太了不起了，在整个世界上，我对他的信心是最大的。但是，如果他在显现上也有不如法的地方，那我还能不能观起清净心来呢？”我经常这么问自己，也反复观察了很多。确实，上师的行为太好了，不然，像我这样的人是很难观清净心的。

所以，虽然我们强调清净心，但要观清净心，还是要有一定的根基。对一个爱生邪见的人来讲，就算上师没有任何过失，他还是会觉得上师的所作所为全是颠倒的，就像提婆达多看佛陀一样。而有清净心的人，就像《前行》里的那个老母，始终把“狗牙”当成“佛牙”，并依靠它成就了佛果。

如果你真像后者一样，对任何人都能观清净心，那不用问，无论是什么样的上师，都可以作为一种佛缘。但如果不是的话，那还是要先了解一下，这个上师到底有什么功德。

智悲光尊者说过：在世间层面上，还是要分上师的功德和弟子的功德，而且，按照佛经的意趣，上师的功德一定要超过弟子，否则，就很难相应了。比如，如果我是一个资粮道的修行人，那我的上师至少应该是加行道的；如果我是加行道的，上师就应该是见道以上的菩萨……依此类推。

那这么说来，“视师如佛”是不是就不成立了呢？尊者说：其实二者并不相违。为什么呢？因为“视师如佛”是从最终的密意融入无二无别这一层面上讲的。

所以，在我们祈祷时，你把上师观作和佛一模一样，这是对的。但在你平常学习、依止的过程中，尤其是对一个初学者来讲，最好先把上师当作一个非常善良的人来看待。

这样慢慢地，当你依止上师十年八年，被他的言行举止深刻影响，从而越依止越有信心，乃至最终得受了密宗灌顶，并对上师的所有教授深信不疑：“这样的教言，除了上师谁也说不出来，上师的确与佛陀无别……”那时候，你对上师会产生真正的信心，也就是真正相应了，而师徒的密意从此成了一味。

所以，“视师如佛”的观点的确是有，而且是佛教中非常重要的见解。尤其是在藏地历代祖师，像无垢光尊者、智悲光尊者、麦彭仁波切等的教言中，将上师赞叹为佛的词句特别多。但是，这种赞叹对真正的上师来讲，过去的也好，现在的也好，都不会生傲慢心，对师徒之间也不会构成任何危害。

可现在的问题是，在大城市里已经有许许多多对佛教不利的“上师”出现了。这些人，就我经常听到的来看，不要说上师，是不是一个一般的佛教徒都很难讲，行为非常不如法，信心、出离心都不一定有。他们只是弄几张照片宣传一下，或者打着慈善的名义，到了一个地方，过段时间财富也多了，弟子也多了。

但弟子多了有什么呢？无垢光尊者在《如意宝藏论》中说：没有福报的弟子们，经常遇到没有智慧的上师。

所以，初学者在选择上师时，一定要谨慎观察。否则，遇上了别有用心的人，你想离开他也不行，不离开又学不到东西，最终把自己的精力、财力全都耗尽了，这不是很失败吗？

三、不是所有上师都是佛

那有人就疑惑了：“在藏传佛教中，不是说上师全部是佛吗？”

绝对不是！如果是的话，那佛教也就不合理了。佛在经中说：“比丘，你们对我的话也要再三观察，就像锤炼纯金一样，再三观察之后，当你觉得有道理时才可以接受，千万不要因为恭敬我而接受。”

你看，佛都可以观察，更何况其他的人了！

其实，佛教中所谓的上师，也相当于世间的老师，只不过，这位老师所传授的法非常珍贵，一方面源自佛陀，一方面的确是世出世间的真理。正因为如此，你可以说上师跟佛是一样的。

而究竟来说，就像刚才所讲的，不要说上师，一切众生皆具如来德相，也就是说，一切众生都是佛。从这个层面而言，上师是佛，你也是佛，讲起来就成了佛依止佛，那说视师如佛有什么不合理的？

所以，讲视师如佛也好，讲观察上师也好，理解它的不同层面是很重要的。

否则，一讲视师如佛，便将世间的规律全部打破，这样偏执一端，就不是佛教的本意了。而从另一方面讲，也不要对谁都生邪见，这样不好。《涅槃经》里是讲过末法时代有许多邪师，但你不见得能看清楚，所以也不必讲许多过失，这也是保护自己的一种方法。

那到底应该找什么样的上师呢？应该找具有功德的上师。

当然，在末法时代，所有功德都圆满的上师是很难找到的，因此《妙臂请问经》里说：显宗、密宗要求的一切法相悉皆具足的上师非常罕见，若是找不到这样的上师，那么这些法相的一半、四分之一乃至八分之一具足，也可以作为依止对境。比如，如果某个续部讲了十六种功德，那只要某位上师具有八分之一相应的功德，就可以依止。

而《集密意续》里又说：如果上师在出世间法上功德超胜，即使世间功德稍有逊色，比如脾气不太好等，也还是可以依止的。

为什么呢？因为我们求的不是世间法。如果是世间法，那上师长得难看，世间功德不圆满，你不想依止也就罢了；但我们依止上师求的不是世间法，不是世间的某种功德，而是要求出世间的功德。而在出世间功德中，我们最希求的也是上师的大悲和智慧。

所以，归根结底，上师的法相就是：以证悟解脱自己，以悲心饶益他众。

这两者是最重要的！任何一位上师，他自己一定要有佛教所讲的一些证悟，如果一点都没有，那要摄受弟子，就成了以盲导盲。有些前辈大德甚至将这种邪师比作“疯狂者”，由“疯狂者”带路，那你只有堕入悬崖了，不可能进入快乐的绿洲。所以，自我的证悟很重要。

另一点是悲心，悲心就体现在利益众生上面。这次我去乔治城大学，他们说：“你们藏传佛教很多上师的传播能力非常强。”其实他们指的就是悲心。

本来这次我出去，不是特意要讲藏传佛教，但他们全都这么要求。后来我的题目都用完了，我说：“又要讲藏传佛教，可不可以讲个其他的呢？”他们说：“不行不行，你是藏传佛教的，我们想了解藏传佛教，所以你必须讲！”被逼无奈，这一路下来，我的所有题目都和藏传佛教相关。

后来我也问他们："你们这么热爱藏传佛教，那你们对藏传佛教的上师们有什么看法？"

其中有一位教授，很了不起，他说："藏地的上师们有些相当有智慧，能与科学家对话，在西方各界引起了超级轰动；有些上师虽然没有这么超胜的智慧，但是他们都有利他心，不管在任何场合里，他们唯一想的就是怎样帮助你，这在其他佛教徒中是少见的，这就是一个非常明显的对比。"

确实，西方有好多上师，有些只是教弟子们唱莲花生大士心咒——"嗡啊吽班则格热巴玛色德吽"，弟子们其他的不懂，但唱得特别好；有些只讲会供，天天会供；有些就讲实修，前行、正行什么都修……可谓"八仙过海，各显神通"，每个上师都在尽量施展自己不共的功德。

而这位教授所认同的，就是他们的利他心。我相信，在汉地也有很多这样的上师，他们不一定都精通显密教法，但不管是以什么样的途径，只要是真心引导众生，都值得我们赞叹。

当然，鱼龙混杂的现象也有。因为某些上师特别不如法的行为，对佛法、个人都造成了损害，甚至让弟子们也对佛教产生了邪见……但在这些时候，弟子们也要反省自己。我常听有人说"这个上师不好""那个上师不好"，但总说别人不好的人，一般来讲，自己也有非常多的过失。

因为，一个人格贤善的人，他明明知道别人的不好，也不一定会说。比如，这个人是我的老师，老师有些过失是正常的，但是我不会宣扬老师的过失。如果我去宣扬，那我是老师带出来的，老师不好，间接来讲我也肯定不会好。所以，做弟子的也要经常反省自己。

总之，“视师如佛”是在观察、观察后依止、依止后渐渐培养起来的一种高级、超越的信心。当你有了这样的信心，上师在你面前确实就是佛了，那时候不论他说什么，你都要依教奉行。而在此之前，你只要按照佛经的教言，把具有一定功德并且正在利益他众、利益你的上师当作真正的善知识就可以了。

对于这样的上师，千万不要诽谤！尤其是你已经依止了他，依止以后，即使生不起“他是佛”的信念，也应该把他当作一个最好的老师、最大的恩人。毕竟，他给予你的，确实是别人不曾给予的。

四、依师以后就不要退转

在依止上师以后，你就不应该退转了，因为上师是一切加持的来源。

有“视师如佛”境界的修行人，像米拉日巴尊者、阿底峡尊者，他们在虔诚依止上师之后，都获得了殊胜成就。离我们最近的就是上师如意宝，他在晚年期间，随时随地一提到自己恩师的名号，就止不住泪流满面。

熟悉上师的人都会记得，上师在不同场合中常说：“我的金刚上师跟佛陀无二无别，我在依止他的过程中没有产生过任何邪见，最后上师的智慧也完全融入了我的心田。”

前辈大德们这种“视师如佛”的境界，我们能不能做到呢？一般来讲是很难的。尤其是初学者，本来这时候是要以观察为主的，但个别人的“视师如佛”，可能对上师、个人都带来了不太好的结果。再说，佛教中也没说“凡是你依止的都是佛陀”，并没有这么讲，只不过我们的闻思修太少了。

所以，我们一定要重视闻思修。当你闻思修到了一定的时候，才会明白佛教中依止上师的方法，以及最终获得上师密意的界限。明白了以后，只修上师瑜伽也的确是可以成就的，但那是一种最高的修行和境界，我们还需要一个过程。

其实就眼下来讲，不说视师如佛，凡是你依止过的上师能尽量不说过失，已经很不错了。

说过失是不好的。你说过失的话，也许是对方真有过失，也许是你自己的过失，你的心不清净，或者开始就没观察好。就像一个人不会买东西，买的时候觉得是个好产品，但买回去一看是个次品。说过失也是一样，有时候是别人的问题，有时候是自己的问题。

所以，在依止上师的问题上，希望大家首先如理如法地观察、抉择，抉择好了、依止好了，再加上自己有一分勇猛精进，多多少少会获得成就。

退一步讲，即使你刚开始没有观察好，已经依止了某位上师，那也不必后悔。因为不管怎么样，他只要说一些佛法，这个佛法对你多多少少是有利的，不会有害。但以后依止的时候，一定要注意！

当然，在上师方面，我希望上师们最好是以佛法饶益众生，不要把佛法当作发财的工具。如果谁这样做的话，就是对佛法不负责任。这是我经常讲的，也不得不说的。不仅是对他人，对我自己也是一样，该说的就说出来，这样对佛法是有利的。

而作为依止上师的弟子们，你自己也要擦亮眼睛，要系统地了解一些佛教的道理，否则，抓住只言片语就用，甚至不分场合、不分析具体情况过度地去使用，那对个人也好，对某些群体也好，很可能会导致一些无法想象的后果。

总之，我讲了这么多，就是希望大家开头的时候好好观察，而依止了以后，就不要退转。尤其是那些对我们有法恩的上师，所有弘扬如来教法的高僧大德，我们要特别地恭敬他们，如果不是他们传播佛法，我们从哪里获得出世间的功德？

你们不管是出家人还是在家居士，现在学习佛法，的确是有一种非常好的机缘。什么机缘呢？就是通过当今许多大德的传播，佛教中最甚深的理论和修法，都提供给大家了；而且，许许多多的人也真正从佛法中找到了自己的人生方向，找到了一条再也不会入歧途、永不退转之路。

能找到这么一条路，其实不是一个简单的过程，而只要继续走下去的话，前程也确实是光明的。因此，希望大家在依止上师的过程中，在修行佛法的过程中，千万不要退下去，也不要摇摇摆摆——今天依止这个，修这个法，明天依止那个，修那个法，这样的人心特别乱，最终也得不到什么结果。

我觉得西方人有一种性格很好，只要他选择完了，就不会轻易改变，这一点很重要！如果你不断地改、不停地变，本来已经学到了佛法，但最终却一无所获，不是很可惜吗？

希望大家对这些道理再三思索！